KB183006

캣슈타인 박사의

냥냥 호기심 펀치

❷ 화학이 궁금해

글 **윌리엄 포터**

영국에 거주하며 어린이와 성인을 위한 논픽션·만화책 작가로 활동하고 있습니다. 20년 이상 작가와 편집자로 활동하며 수많은 과학책, 수학책을 만들었습니다.

그림 **리처드 왓슨**

영국의 링컨 미술 디자인 대학교에서 일러스트레이션을 공부했으며 다양하고 독창적인 기법으로 그림을 그리는 일러스트레이터로 활동하고 있습니다.

옮김 **정지현**

미국에 거주하며 출판 번역가로 활동하고 있습니다. 옮긴 책으로는 〈캣슈타인 박사의 냥냥 호기심 펀치 ① 물리가 궁금해〉, 〈부모됨의 뇌과학〉, 〈타이탄의 도구들〉, 〈그레이트 마인드셋〉, 〈아주 작은 대화의 기술〉 등이 있습니다.

감수 **DEEP 교수학습개발연구소**

DEEP(Digital, Edu, Explore, Progress) 교수학습개발연구소는 디지털 문화 속에서 교육을 올바르게 선도하고자 설립된 초등 교사 연구소입니다. 과학 교과서 모니터링단, 〈초등과학 진짜 문해력〉 시리즈 집필 등 다양한 경력을 가진 교사들로 구성되어 있습니다.

캣슈타인 박사의

냥냥 호기심 펀치

② 화학이 궁금해

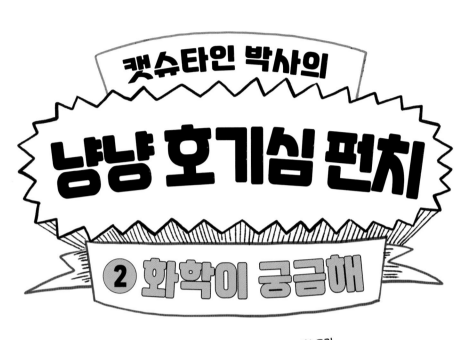

윌리엄 포터 글 리처드 왓슨 그림 정지현 옮김

DEEP 교수학습개발연구소 감수

아이스크림북스

"흥미로운 과학 질문으로
과학의 시선을 갖춘 어린이가 되길"

야호! 재미있지만 가볍지 않고 흥미롭지만 더없이 유익한 과학 만화 <캣슈타인 박사의 냥냥 호기심 펀치> 시리즈의 2권, <화학이 궁금해> 편이 출간되었습니다. 1권 <물리가 궁금해>에 이어 더욱 강력해졌답니다! 2권에서는 아인슈타인을 닮은 고양이 박사 '캣슈타인'과 그의 햄스터 조교 '햄릿'이 우리를 경이로운 화학의 세계로 이끕니다. 저 역시 초등학교 때 우연히 읽게 된 과학 만화 백과사전 덕분에 과학자를 꿈꾸게 되었는데, 이 책 덕분에 많은 어린 독자들이 저처럼 과학의 매력에 사로잡혔으면 좋겠습니다. 설령 과학자가 되지 않더라도 우주와 자연, 생명과 물질에 대한 과학 개념을 정확하게 이해하는 건 초등학교 시절 가장 소중한 공부가 됩니다.

2권 <화학이 궁금해>에서는 '물질을 이루는 구성 요소'와 '물질의 상태와 변화'를 다룹니다. 모름지기 화학이란 우주와 자연에 존재하는 물질의 특성과 상태를 알아내고, 그것들이 서로 만났을 때 어떻게 반응하는지를 설명하는 학문입니다. 1권 <물리가 궁금해>에서 물체의 운동 뒤에 에너지가 숨어 있다는 것을 배웠다면, 2권 <화학이 궁금해>를 읽고 나면 물질의 상태와 반응 뒤에도 에너지가 숨어 있다는 사실을 깨닫게 될 것입니다. 무엇보다 2권에서는 초등학생이 즐길 만한 흥미로운 질문과 에피소드가 더 많아졌고, 캣슈타인 박사와 조교 햄릿이 더 사랑스럽고 귀여워졌습니다. 작가 윌리엄 포터는 다양한 일상 속 예를 들어 초등학생도 화학의 매력에 빠져들도록 흥미롭게 이야기를 이끌어 나갑니다.

이 책에서 다루는 화학 개념과 현상은 중·고등학교 교육과정에도 포함되는 내용이어서, 이 책으로 주요 개념을 흥미롭게 배우고 나면 학교에서 수업 시간에 더욱 이해가 쏙쏙 잘될 것입니다. 부디 초등학생들이 이 책을 읽고 세상을 바라보는 새로운 눈, '과학의 시선'을 갖게 되기를 바랍니다.

정재승
KAIST 뇌인지과학과 교수, <인간탐구보고서> · <인류탐험보고서> 저자

목차

1장 원소 이야기

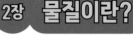

2장 물질이란?

3장 반응 얻기

5장 화학의 세계

4장 산성 테스트

안녕하세요? 여러분을 재미있는 화학의 세계로 안내할 아인슈타인? 아니죠. 바로 저 알베르트 캣슈타인 박사입니다.

캣슈타인 박사의 연구실
화학의 세계로 초대합니다

저는 생물학자 냥스 다윈 박사예요.
모두 반가워요!

캣슈타인 박사님의 하나뿐인
연구 동반자 햄릿이에요.

화학이란?

화학은 우리 주변의 모든 물질을 연구하는 학문이야!

우리가 보고 만지는 모든 것이 화학과 관련이 있지.

좀 자세히 설명해 주세요!

그러지! 우리가 보는 모든 물건은 아주 작은 '원자'라는 알갱이가 모여서 만들어져.

화학은 이 원자들이 서로 만나서 새로운 물질로 바뀌는 과정을 연구하는 학문이지.

원자라는 친구도 저처럼 아주 작군요. 그런데 물질은 뭐예요?

물, 공기, 음식, 연필 등 우리 주변의 모든 것이 다 물질이야.

심지어 눈에 안 보이는 공기도 작은 입자로 이루어져 있지.

그런데 이 물질들이 그냥 가만히 있는 게 아니야. 온도나 압력이 변하거나, 다른 물질이랑 만나면 서로 변하기도 하고 새롭게 탄생하기도 해! 이걸 '화학 반응'이라고 불러.

그게 우리 일상에도 도움이 되나요?

당연하지! 예를 들어 주마, 햄릿.

2022 개정 교육과정 과학 교과 연계

○ 3학년 2학기 ···· 물체와 물질

1장

원소 이야기

물질의 구조

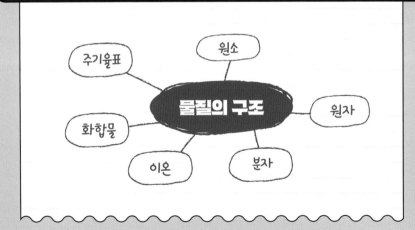

원자로 모험을 떠나 볼까?

짜잔~ 어떠니?

아무것도 안 보이는데요. 투명 망토라도 발명하신 건가요?

잘 보렴. 초소형 비행선이야!

우린 이걸 타고 원자 속으로 여행을 떠날 거야.

이렇게 작은 비행선에 어떻게 타죠?

다 방법이 있지!

치지직!

우리도 초소형 크기가 됐어!

비행선은 어딨어요?

저기 있단다.

3시간 후…

헉헉. 비행선 근처에서 변했으면 좋았잖아요.

운동은 몸에 좋아. 어서 타렴, 햄릿!

지금 우린 원자 크기야, 햄릿.

얼마나 작죠?

고양이 수염 굵기보다 100배쯤 작아.

원자는 모든 물질을 이루는 기본 입자예요.
크기가 아주 작죠.
원자의 중심에는 양(+)전하를 띠는 원자핵이
있고, 그 주위를 음(-)전하를 띠는 전자들이
빙글빙글 돌면서 움직이고 있어요.

원자핵은 양성자와 중성자로 이루어져 있는데
양성자는 양전하를 띠는 반면, 중성자는 전하를
띠지 않아요. 원자핵은 원자 *질량의 대부분을
차지한답니다.

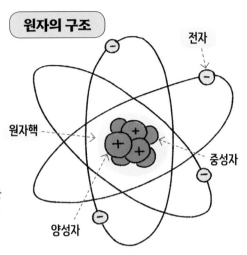

원자의 구조

전자

원자핵

중성자

양성자

더는 분해되지 않으면서 물질을
이루는 기본 성분을 **원소**라고 해요.
금, 은, 수소, 산소 등 세상 모든 물질은
원소로 이루어져 있지요.
모든 원소에는 양성자와 중성자, 전자가
들어 있는데, 이들의 개수가 원소마다
각각 달라요.

원자마다 양성자와 전자가 일정한
개수로 들어 있는데, 원자 안에 있는 양성자와
전자의 개수가 항상 같아.

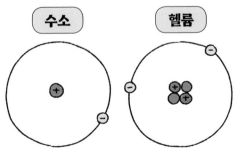

수소

헬륨

수소 원소는 양성자 1개와 전자 1개로
이루어져 있고,
헬륨 원소는 양성자 2개, 중성자 2개,
전자 2개로 이루어져 있어요.
이처럼 하나의 원자 안에서 양성자와
중성자의 개수가 같아서 서로 *상쇄하니까
원자는 전하가 없는 중성 상태가 되지요.

*질량 물체가 가진 고유한 양. 질량이 클수록 무게가 무겁다.
*상쇄 서로 반대되는 것이 영향을 주어 효과가 없어지는 일.

원소를 알아볼까?

햄릿, 건강 검진 결과가 나왔어요.

윽. 살살 말해 주세요, 의사 선생님.

훌쩍! 제 몸에 칼슘과 칼륨이 부족하대요.

괜찮아. 치즈와 바나나를 많이 먹으면 돼.

치즈 올린 바나나, 맛있겠다!

그나저나 칼슘과 칼륨이 뭐예요, 박사님?

원소야.

세상의 모든 것은 원소로 되어 있단다.

저도요?

세상 모든 것이니까, 너도 포함이지.

제 몸은 주로 뭐로 만들어졌을까요?

아마 치즈와 바나나겠지.

우주의 모든 물질은 원소로 이루어져 있어요.
원소는 더는 다른 물질로 쪼개지지 않지만,
서로 다른 원소끼리 만나 결합하면
새로운 성질을 가진 물질이
만들어져요.

원소는 각각
성질이 달라서
어떤 원소는 단단하고,
어떤 원소는 공기 중에
날아다니기도 해요.
지금까지 과학자들이 발견한
원소의 종류는 118가지예요.

*주기율표에서 원소를 나타낼 때
화학 기호와 함께 원소의 번호를
숫자로 나타내기도 해요.

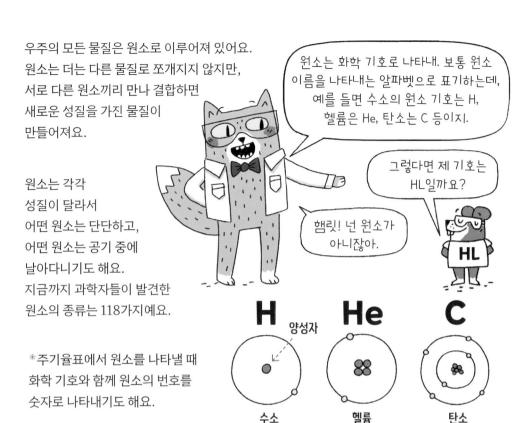

원소는 화학 기호로 나타내. 보통 원소
이름을 나타내는 알파벳으로 표기하는데,
예를 들면 수소의 원소 기호는 H,
헬륨은 He, 탄소는 C 등이지.

그렇다면 제 기호는
HL일까요?

햄릿! 넌 원소가
아니잖아.

H **He** **C**

양성자

수소   헬륨   탄소

양성자는 수소 원자에는 1개, 헬륨 원자에는 2개,
탄소 원자에는 6개 들어 있지요.

원소의 원자 번호,
즉 원자에 든 양성자의 숫자를 말해요.

8
O ←--- 원소 기호(알파벳)
산소 ←--- 원소 이름

산소는 양성자 8개를
가지고 있어서
원자 번호가 8이에요.

산소는 우리가 숨 쉬는
공기에 들어 있는 기체야.

산소 최고!

*주기율표 원소를 일정한 순서에 따라 배열해서 성질이 비슷한 원소끼리 가까이 위치하도록 만든 표.

원소 주기율표

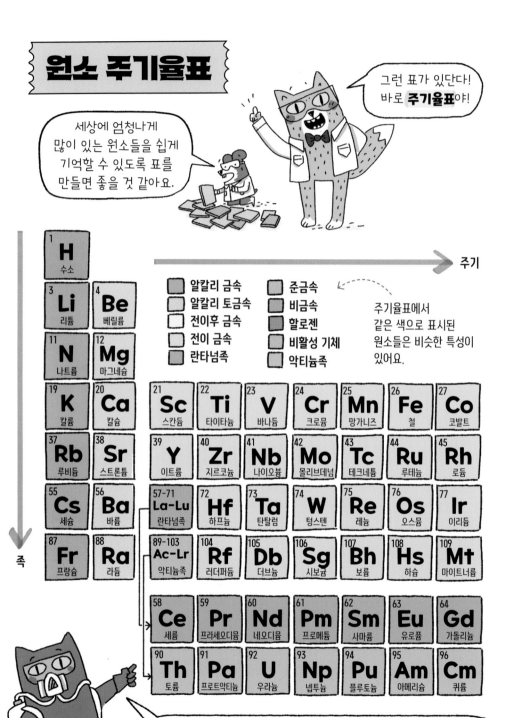

그런 표가 있단다!
바로 **주기율표**야!

세상에 엄청나게 많이 있는 원소들을 쉽게 기억할 수 있도록 표를 만들면 좋을 것 같아요.

주기

알칼리 금속
알칼리 토금속
전이후 금속
전이 금속
란타넘족

준금속
비금속
할로겐
비활성 기체
악티늄족

주기율표에서 같은 색으로 표시된 원소들은 비슷한 특성이 있어요.

족

맨 마지막 가로줄에 속하는 원소들은 대부분 방사능 원소예요.

주기율표는 원소 118개를 원자 번호에 따라 가로줄과 세로줄로 배열한 표예요.

주기율표에서 가로줄은 '**주기**'라고 불러요. 왼쪽에서 오른쪽으로 이동할 때마다 원자 번호가 커지죠.

위에서 아래로 내려가는 세로줄은 '**족**'이라고 해요.

각 족에 있는 원소들은 비슷한 특성이 있어요.

주기율표의 원소 중에서 가장 가벼운 원소는 맨 위 왼쪽에 있는 수소예요.

가장 무거운 원소는 맨 오른쪽 아래에 있는 118번 오가네손이랍니다.

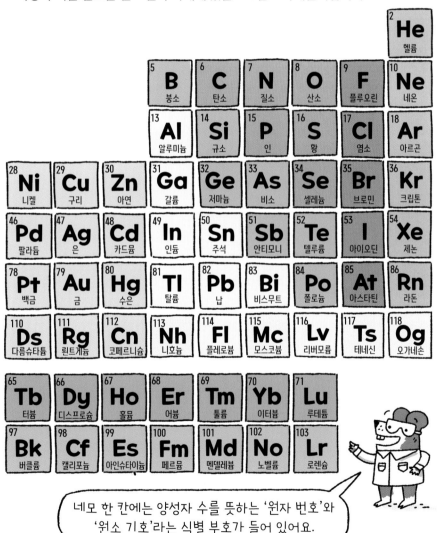

네모 한 칸에는 양성자 수를 뜻하는 '원자 번호'와 '원소 기호'라는 식별 부호가 들어 있어요.

물은 어떻게 만들어질까?

햄릿, 왜 그러니?

으, 물맛이 너무 이상해요.

물 양을 늘리면 괜찮아지겠죠?

그런다고 맛이 달라지진 않아!

그럼 어떻게 해요?

물은 수소와 산소가 결합해 만들어진 화합물이란다.

두 원소가 화학적으로 결합해 하나로 연결돼 있으니 물의 성질은 전체적으로 균일해.

수소와 산소의 결합이라….

바로 그거예요! 수소 맛이 강해서 이상하게 느껴지는 거였어요!

그게 아니라니까.

화합물은 두 가지 이상의
서로 다른 원소가 화학적으로 결합해
완전히 새로운 물질로 변한 거예요.

원소들이 화학적으로 결합하며
새로운 물질 구조가
만들어지기 때문에
원래의 성질과는
다른 새로운 성질을
띠게 되지요.

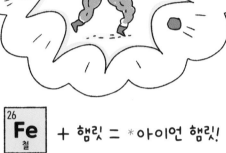

화합물은 분자로 이루어져 있어요.
분자는 여러 원자가 화학 결합으로
서로 단단히 연결된 상태를 말해요.

우리 주변의 물질은 대부분 화합물이에요.
예를 들어 볼까요?

물(H_2O)은 수소 원자 두 개(H_2)와
산소 원자 한 개(O)가 결합해 생긴 거예요.

소금($NaCl$)은 나트륨(Na)과 염소(Cl)
원소로 만들어져요.
이산화 탄소(CO_2)는 탄소(C)와 산소(O)가
결합해서 만들어지고,
해변 모래의 대부분을 차지하는
이산화 규소(SiO_2)는 규소(Si)와 산소(O)의
화합물이에요.

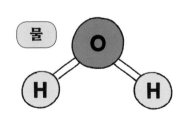

*아이언(Iron) 철, 철분.

물질의 양을 어떻게 측정할까?

안녕, *몰! 거기 있니?

나 여기 있어. 무슨 일이야?

아, 뭘 측정하려고 하는데 박사님이 널 데려오라고 하셨어. 같이 가 줄래?

좋아. 나한테 엄청 큰 자가 있는 걸 어떻게 아셨지? 하하.

박사님, 애타게 찾으시던 몰이를 데려왔어요. 저 대단하죠?

반갑구나. 그런데 뭔가 착각한 것 같은데.

내가 말한 몰(mole)은 물질의 양을 측정하는 단위란다.

1몰, 그러니까 6.02×10^{23}개의 입자가 있어야 해.

너 혹시 입자 6.02×10^{23}개 있니?

아니. 내 자로 재기에는 너무 큰 숫자인걸.

미안. 집에 데려다줄게.

괜찮아. 지름길로 가면 돼!

22

*몰(mole) 두더지. 혹은 화학에서 물질의 양을 나타내는 단위.

원자나 분자와 같은 *입자는 너무 작아서 하나하나 세기가 어려워요.
그래서 과학자들은 아주 많은 수의 입자를 한 덩어리로 모아 묶어서 셀 수 있는 단위인
'몰(mole)'을 만들었어요. **몰(mole)은 물질의 양을 측정할 때 사용하는 단위**예요.

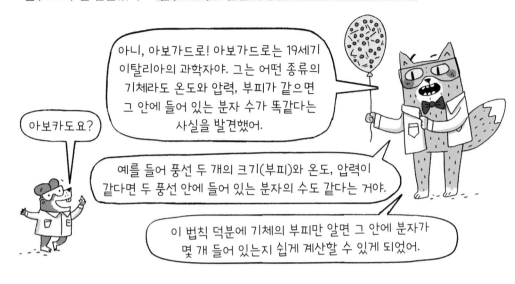

아보카도요?

아니, 아보가드로! 아보가드로는 19세기 이탈리아의 과학자야. 그는 어떤 종류의 기체라도 온도와 압력, 부피가 같으면 그 안에 들어 있는 분자 수가 똑같다는 사실을 발견했어.

예를 들어 풍선 두 개의 크기(부피)와 온도, 압력이 같다면 두 풍선 안에 들어 있는 분자의 수도 같다는 거야.

이 법칙 덕분에 기체의 부피만 알면 그 안에 분자가 몇 개 들어 있는지 쉽게 계산할 수 있게 되었어.

그런데 물질의 양을 몰 단위로 측정하려면 기준이 되는 개수가 필요해요.
이때 사용하는 숫자가 바로 아보가드로 수랍니다.
아보가드로 수는 1몰 안에 들어 있는 입자의 개수를 뜻해요.
1몰에는 입자 6.02×10^{23}개가 들어 있어요.
이 숫자는 약 6,000억에 1억을 곱한 것과 같은 엄청나게 큰 수예요!

아보가드로 수 덕분에 원소의 질량도
쉽게 계산할 수 있어요.
원소 1몰의 질량은 그 원소의 *원자량을
그램으로 쓴 값이 되기 때문이에요.
예를 들어 탄소의 원자량은 12예요.
이 숫자를 그램(g) 단위로 바꿔서
탄소 1몰의 무게는 12그램이라고 할 수 있어요.

이렇게 아보가드로 수를 사용하면
원자량 숫자 그대로 1몰의 무게를 알 수
있어서 계산이 간단해지지요.

원소나 화합물의 원자량을 알면
몰을 이용해서 질량을 알 수 있어!

몰이요?
저 부르셨나요?

*입자 물질을 이루고 있는
매우 작은 알갱이.
*원자량 원자의 상대적인
질량.

원자를 세어 볼까?

원자의 무게인 원자량을 알면 그 원소의
1몰이 몇 그램인지 알 수 있어요.

1몰은 입자 6.02×10^{23}개라고
했는데요. 탄소의 원자량은
12이기 때문에
탄소 12그램에는 1몰,
즉 탄소 원자가
6.02×10^{23}개
들어 있다는 뜻이죠.

탄소의 양을 두 배로 늘려
24그램으로 하면
원자의 개수도 두 배가 되어서
2몰이 되고, 원자의 개수는
총 12.04×10^{23}개가 되겠죠.

질량수는 어떤 원소의
원자핵에 들어 있는 양성자와
중성자의 수를 더한 값이야.

탄소 원자는 양성자가 6개,
중성자도 6개라서 질량수가
6 + 6 = 12가 되지.

6
C
탄소

물(H_2O)은 수소 원자 2개와
산소 원자 1개가 결합해서
만들어진 분자예요.

물처럼
원소가 아닌 것들은
어떻게 계산해요?

물은 원소 두 종류로
이루어졌으니까 쉽게 계산할 수 있지!

수소의 원자량은 1이고
산소의 원자량은
16이기 때문에,
물 분자 하나의 무게는
1 + 1 + 16 = 18이에요.

따라서 물 18그램에는
물 분자가 6.02×10^{23}개,
즉 1몰이 들어 있는 거예요.

꺽!

난 방금 분자를
약 6,000억 ×1억 개 마신 거야!

전자는 왜 사라질까?

이런! 전자를 잃어버렸어!

걱정 마세요, 박사님! 햄릿 탐정이 찾아 드릴게요!

어디 보자.

여기도 없네.

잃어버린 전자를 마지막으로 보신 게 언제죠?

햄릿···.

햄릿 탐정입니다.

햄릿 탐정, 전자는 돋보기를 활용해도 찾을 수 없단다.

크기가 너무 작거든.

그럼 전자를 찾을 수 있는 방법을 가르쳐 주세요.

불꽃이 튀었어! 방금 전자가 빠져나갔어.

아얏!

따닥!

원자는 양전하를 띠는 양성자, 음전하를 띠는 전자, 전하가 없는 중성자로 이루어져 있어요. 이 세 가지가 원자 안에서 균형을 이루며 안정된 상태를 유지하지요.

하지만 원자가 전자를 잃거나 얻으면 양전하를 띠거나 음전하를 띠게 돼요.

또 두 가지 이상의 원소가 만나면 화학 반응이 일어나면서 전자를 주고받을 수 있어요. 이때 전자가 한 원소에서 다른 원소로 이동하게 되는데, 그 결과 *전하가 발생해요.

*전하 물질이 갖는 전기적 성질.

전자들은 원자핵 주위를 돌며 껍질처럼 층을 이루고 있어. 전자들이 층을 이루며 자리 잡는 공간을 '전자껍질'이라고 해.

원자는 왜 전자를 잃거나 얻으려고 하는 걸까요?

원자는 가장 안정한 상태가 되려고 하기 때문이야.

이건 플루오린 원자야. 플루오린 원자의 맨 바깥쪽에는 전자가 7개 있는데, 이것을 안정되게 가득 채우려면 전자가 1개 더 필요해.

그래서 플루오린은 다른 원자로부터 전자 1개를 받으려고 할 거야. 그래야 전자 8개가 채워져서 안정된 상태가 되거든.

원자핵
첫 번째 전자껍질
전자

F

두 번째(맨 바깥쪽) 전자껍질

박사님이 잃어버린 전자다!

소금을 만드는 방법!

웩!

점심이 맛이 없니, 햄릿?

너무 싱거워요.

염화 나트륨을 좀 뿌려서 먹어야겠구나.

이건 화학 실험이 아니에요, 박사님. 제 점심밥이라고요!

염화 나트륨은 소금이란다, 햄릿.

아하!

웩.

또 왜 그러니?

이번엔 너무 짜요!

소금 또는 염화 나트륨은 나트륨(Na)과
염소(Cl)의 화합물이에요.

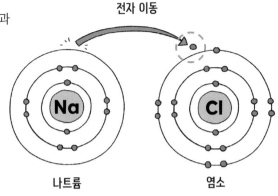

전자 이동

나트륨

염소

나트륨 원자는 전자 11개를 가지고
있는데, 이 중 맨 바깥쪽 껍질에
전자 1개가 있어요. 나트륨은
이 바깥쪽 전자 1개를 잃으면
안정적인 상태가 되기 때문에
다른 원자에게 이 전자를
내어 주려고 해요.

염소 원자는 전자 17개를 가지고 있고, 바깥쪽 껍질에 전자 7개가 있어요.
염소는 바깥쪽 껍질을 가득 채우기 위해 전자 1개를 더 얻고 싶어 하죠.

그래서 나트륨과 염소가 만나면 나트륨은 자신의 전자 1개를 염소에게 줘서
껍질을 비우고, 염소는 이 전자를 받아 껍질을 가득 채우면서 둘 다 안정된 상태가 돼요.
이로써 나트륨은 전자를 잃어서 양전하(Na^+)를, 염소는 전자를 받아서
음전하(Cl^-)를 띠게 되지요.

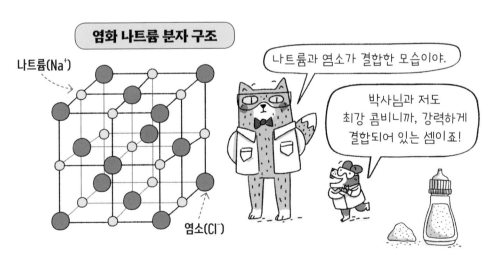

염화 나트륨 분자 구조

나트륨(Na^+)

염소(Cl^-)

나트륨과 염소가 결합한 모습이야.

박사님과 저도
최강 콤비니까, 강력하게
결합되어 있는 셈이죠!

이렇게 서로 반대 전하를 띠는 입자인
Na^+와 Cl^-가 서로 끌어당기며
결합하는 것을 **이온 결합**이라고 해요.

소금(염화 나트륨, NaCl)은
바로 이러한 이온 결합으로 만들어진
이온성 화합물이랍니다.

어떻게 공유할까?

택배 왔습니다!

오! 새로 산 펜이 도착했구나.

과학자라면 가슴 주머니에 펜을 끼워 두는 게 기본이지. 언제 좋은 생각이 떠오를지 모르니까.

펜이 정말 좋아 보여요. 제 건 깨물어서 엉망인데.

이런, 쯧쯧.

아, 좋은 생각이 떠올랐어!

새 펜으로 적어야겠다.

햄릿과 펜 공유하기

야호!

30

원자들이 결합하면 분자가 돼요.
원자는 전자를 교환하거나 공유하며
결합해요. 전자를 교환해서
결합하는 것을 **이온 결합**이라고 하고,
전자를 공유해서 결합하는 것을
공유 결합이라고 하지요.

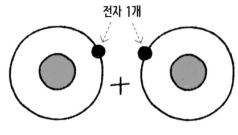

전자 1개

수소 원자가 결합하지 않은 상태

공유 결합은 원자들이 전자를 나누어
쓰면서 결합하는 거예요.
이렇게 하면 원자들이 더 안정된
상태가 되지요.

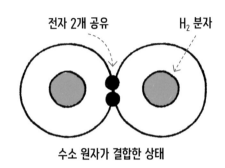

전자 2개 공유   H₂ 분자

수소 원자가 결합한 상태

암모니아(NH_3)는 질소(N) 원자와 수소(H) 원자가
공유 결합으로 결합한 분자예요. 질소 원자는
전자 3개가 더 필요하고, 수소 원자는 전자 1개가
더 필요해요. 그래서 질소 원자 1개가 수소 원자 3개와
전자를 공유하면서 결합하지요.
이렇게 질소와 수소 원자가 각자의 전자를
나누어 쓰면서 안정된 상태를 이루어요.

그림에서
빨간색 동그라미가 수소 전자,
파란색 동그라미가 질소
전자예요.

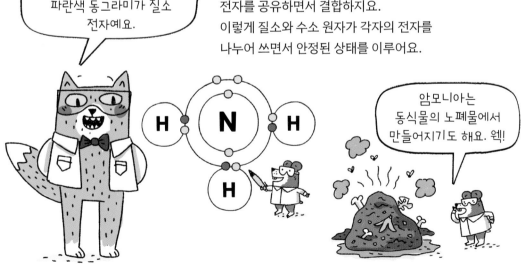

암모니아는
동식물의 노폐물에서
만들어지기도 해요. 웩!

다이아몬드와 연필심이 같다고?

멀 그리는 거니, 햄릿?

초대형 다이아몬드를 그리고 있어요.

잘 그렸구나.

연필심의 흑연과 다이아몬드가 똑같은 원소로 만들어졌다는 거 아니?

정말요?

전부 탄소 원자로 이루어졌단다.

그런데 너무 다르게 생겼잖아요.

연필심과 다이아몬드는 탄소 원자가 결합된 방식이 다르거든.

그럼 제가 연필로 그린 다이아몬드랑 진짜 다이아몬드랑 똑같은 거네요.

그런 셈이지.

그렇다면 제 다이아몬드 그림 1,000만 원에 사실래요?

1,000만 원

수소와 산소처럼 탄소 원소도
공유 결합을 할 수 있어요.
하지만 탄소는 결합하는 방식에 따라
완전히 다른 성질을 가지기도 하지요.

탄소가 특별한 방식으로 결합하면
다이아몬드처럼 매우 단단한 물질이
된답니다.

다이아몬드는 탄소 원자 1개가 주변의
탄소 원자 4개와 결합하여 매우 강한
격자 구조를 이루고 있어요.

이 결정 격자 구조 덕분에 다이아몬드는
매우 단단하고 녹는점도 매우 높아
쉽게 녹거나 깨지지 않아요.

우와!

이건 다이아몬드 구조의 일부분일 뿐이야.
훨씬 더 많은 원자가 결합되어 있지.

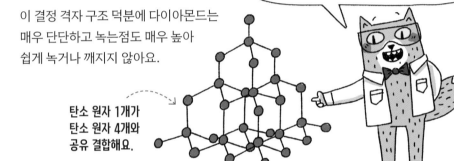

탄소 원자 1개가
탄소 원자 4개와
공유 결합해요.

흑연은
원자들의
결합력이
훨씬 약해요.

연필심으로 쓰이는 흑연도 탄소 원자의 공유
결합으로 이루어져 있어요. 흑연에서는 탄소
원자 1개가 주변의 탄소 원자 3개와 결합하여
얇은 판 모양의 층 구조를 만들어요.

이 구조는 층층이 쌓인 형태로 되어 있는데, 층과 층
사이의 결합이 약해서 쉽게 미끄러져 떨어질 수 있어요.
그래서 흑연은 다이아몬드처럼 단단하지 않고 부드럽게
잘 써진답니다.

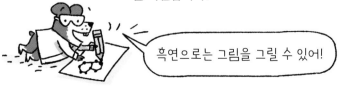

흑연으로는 그림을 그릴 수 있어!

공룡의 나이를 알아볼까?

오늘은 공룡과 데이트를 할 거야.

나이 차이가 너무 많이 나는 거 아니에요?

진짜 데이트는 아니야. 공룡 뼈로 공룡의 나이를 알아보려고 해.

그게 가능해요?

동위 원소를 이용하면 돼!

동식물 전문가 냥스 다윈 박사가 설명해 줄 거야.

원자에 양성자와 중성자가 있는 거 알지, 햄릿?

그럼요.

동위 원소란 같은 종류인 원소라도 중성자 수가 다른 원소를 말해.

그거랑 공룡이랑 무슨 상관이에요?

동위 원소는 대부분 방사성이야. 수천 년 동안 붕괴 과정을 거치면서 방사선을 방출하지.

붕괴 과정을 살펴보면 시간이 얼마나 지났는지 알 수 있어.

이 뼈는 6,700만 년 전에 만들어졌어.

생일 축하해, 공룡아!

동위 원소는 원자핵 속에 든 양성자 수는 같지만 중성자 수는 다른 원소를 말해요.

원소의 동위 원소는 하나 이상일 수도 있어요. 탄소의 동위 원소는 15개죠!

중성자는 전하를 가지지 않지만 질량이 있기 때문에, 중성자 수가 다르면 원소의 질량수도 달라져요.

일반적인 탄소 원자는 질량수 12이고, 탄소-12라고 불려요. 하지만 중성자가 더 많아 질량수가 13 또는 14가 되는 동위 원소들도 있죠. 이를 탄소-13, 탄소-14라고 해요.

이 중 탄소-14는 시간이 지남에 따라 서서히 다른 원소로 변하는데, 생물이 죽고 나면 더는 새로운 탄소-14가 몸에 들어오지 않아 시간이 지나면서 몸에 있던 탄소-14의 양이 줄어들어요.

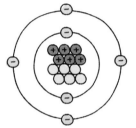

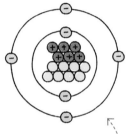

탄소-12
양성자 6개
중성자 6개
질량수: 12

탄소-14
양성자 6개
중성자 8개
질량수: 14

죽었을 당시:
100% 탄소-14

5,730년 후:
50% 탄소-14

11,460년 후:
25% 탄소-14

그래서 과학자들은 화석이나 뼈에 남아 있는 탄소-14의 양을 측정해서 그 *연대를 추정할 수 있답니다.

특히 방사성 동위 원소는 시간이 지남에 따라 서서히 다른 원소로 변하는 성질이 있는데, 변하는 속도는 일정해요. 그래서 방사성 동위 원소가 남아 있는 양을 측정하면 그 물질이 얼마나 오래되었는지를 알 수 있지요.

*연대 지나간 시간을 일정한 햇수로 나눈 것.

35

합금 시대의 일인자는?

캣슈타인 기사여, 그대에게 결투를 신청한다.

나는 무패 신화의 주인공 햄릿 경이다!

역할놀이 하는 날.

훗. 그 도전, 기꺼이 받아 주지.

댕강!

엇! 제 검이 부러졌어요!

네 검은 나무로 만들었고, 내 검은 철로 만들어서 그래.

불공평해요! 이러면 역할놀이가 재미없잖아요. 저도 철로 만든 검 주세요!

자, 가져가렴.

캣슈타인 기사, 이제 정정당당한 결투를 신청한다!

아니! 제 검이 또 부러졌어요!

네 검은 철이고, 내 검은 강철이기 때문이지.

강철은 합금이라서 순수한 철보다 강도가 훨씬 세거든.

합금이 뭐예요?

합금은 **두 가지 이상의 금속을 합쳐서 만든 물질**이야.

청동은 구리와 주석을, 황동은 구리와 아연을, 강철은 철과 탄소를 합친 거지.

왜 합금이 더 강해요?

금속의 원자들은 겹겹이 쌓인 층에 고르게 배열되어 쉽게 미끄러질 수 있단다.

구부리거나 모양을 만들 수 있으니 별로 단단하지 않다는 뜻이지.

원자의 크기가 다른 금속을 넣어 주면 원자 층이 미끄러지지 않아서 강도가 세지고 잘 구부러지지 않는단다.

그렇군요! 그런데 결투는 햄릿 경의 승리랍니다!

멋? 어째서?

합금에 관해서 설명하시는 동안 제가 박사님 다리를 묶었거든요.

37

동전을 만들어 볼까?

자, 동전을 던져 볼게요. 앞면이 나올까요, 뒷면이 나올까요?

음…. 앞면!

오, 앞면이 나왔어요.

하지만 삼세판 승부입니다.

갑자기 규칙을 바꾸는 게 어딨니!

그래요. 박사님이 이겼어요.

상품은?

동전이에요.

10원이네? 니켈이나 구리로 만들었을 거야. 아주 유용한 전이 금속들이지.

껍질을 벗겨 보세요, 박사님.

초콜릿이네! 이것도 아주 유용하지!

음~ 맛있다!

냠 냠

주기율표를 보면 금속은 대부분 **전이 금속**이란 걸 알 수 있어요.

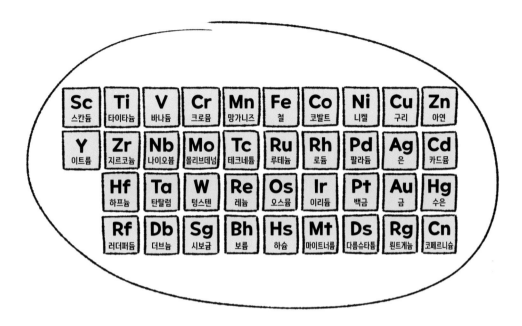

Sc 스칸듐	Ti 타이타늄	V 바나듐	Cr 크로뮴	Mn 망가니즈	Fe 철	Co 코발트	Ni 니켈	Cu 구리	Zn 아연
Y 이트륨	Zr 지르코늄	Nb 나이오븀	Mo 몰리브데넘	Tc 테크네튬	Ru 루테늄	Rh 로듐	Pd 팔라듐	Ag 은	Cd 카드뮴
Hf 하프늄	Ta 탄탈럼	W 텅스텐	Re 레늄	Os 오스뮴	Ir 이리듐	Pt 백금	Au 금	Hg 수은	
Rf 러더퍼듐	Db 더브늄	Sg 시보귬	Bh 보륨	Hs 하슘	Mt 마이트너륨	Ds 다름슈타튬	Rg 뢴트게늄	Cn 코페르니슘	

이 금속들은 일반적으로 녹는점이 높고 밀도가 크며, 열과 전기를 잘 전달하는
특징을 지니고 있어요.
전이 금속들을 서로 합쳐 합금을 만드는데, 합금은 순수한 금속보다 더 강하거나
*부식에 강하기 때문에 매우 유용해요.

동전은 쉽게 부식되지
않도록 전이 금속으로
만들거나, 겉면을 다른
금속으로 *도금해서
만들어요.
색깔에 따라 겉면에
사용할 금속을
선택하기도 하죠.

> 전이 금속 중 은이나 금 같은
> 귀금속은 장신구로 사용되지.

> 동전은 주로
> 니켈, 구리, 아연으로
> 만들어요.

> 쉽게 부식되면
> 안 되거든요!

*부식 썩어서 문드러짐.
*도금 부식에 저항이 강한 금속으로 금속을 코팅하는 것.

빙판에서 미끄러지지 않으려면?

조심해, 햄릿! 길이 얼어서 너무 미끄러워.

으아아악!

이럴 줄 알고 길에 뿌릴 소금을 가져왔지.

엥? 웬 소금이에요?

소금을 뿌리면 얼음의 녹는점이 낮아져.

물에 녹은 소금이 물 분자 간의 결합을 방해하기 때문에 다시 얼기가 어려워지거든.

저도 빙판길에 유용한 걸 챙겨 왔어요.

길이 얼어서 스케이트 타기에 딱 좋죠!

Q. 햄릿이 양말을 신으려고 해요. 다음 중 짝이 없는 양말을 골라 보세요.

햄릿, 오늘은 무슨 양말을 신을 거니?

음~ 고민되네요!

* 정답은 143쪽에 있어요.

2장

물질이란?

물질의 성질

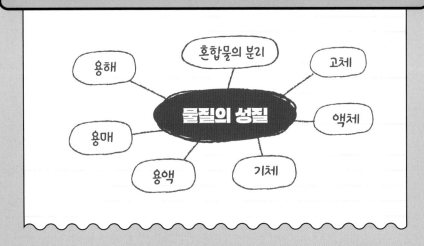

어떤 특성이 있을까?

음….

왜 그러니, 햄릿?

둘 중 멀 먹을지 결정을 못 하겠어요, 박사님.

도넛의 특징을 하나씩 살펴보면 현명하게 선택할 수 있을 거야.

이 도넛은 더 묵직하구나. 겉에 설탕이 뿌려져 있고 안에는 잼이 들어 있어.

이 도넛은 가볍고 부드러워. 가운데 구멍이 뚫렸고 겉에 초콜릿이 있어.

저 방금 결정했어요.

둘 다 먹을래요!

화학은 우리 주변에 있는 물질이 어떤 특성을 지니고 있고,
왜 그런 특성이 있는지를 알아보는 학문이에요.
물질의 특성에는
질량, 밀도, 부력,
*질감, *경도, *전도성 등이
있어요.

질량은 물체 안에 들어 있는 물질의 양을 말해요.
질량이 클수록 더 무겁게 느껴지지요.

쇠공은
튀어 오르지 않는
특성이 있군!

밀도는 물체 안에 물질이 얼마나 꽉 차 있는지를
나타내요. 쇠공은 고무공보다 밀도가 높은데,
같은 크기라면 무거운 물체의 밀도가 더 높기 때문이죠.

밀도는 물체의 **부력**, 즉 물에 뜨거나 가라앉는 데 중요한 역할을 해요.
물보다 밀도가 낮은 물체는 물에 떠요.

물질의 또 다른 중요한 특성에는
색깔, **투명도**, **광택** 등이 있어요.

이 모든 특성은 물질을
파악하는 데 도움이 되지요.
화학을 공부하면 물질들이
서로 만나서 어떤 반응을
일으킬지, 그리고 그 결과
물체에 어떤 변화가 일어날지를
더 잘 예측할 수 있어요.

이 물질은 물에 *용해될까,
산성 *용액에 용해될까?
그리고 녹는점은 얼마일까?

*질감 물체의 재질의 차이에서 받는 느낌. 즉, 물체를 만졌을 때 느껴지는 감각.
*경도 어떤 물질이 단단한 정도.   *전도성 열이나 전기가 물체 속을 이동하는 성질.
*용해 고체의 물질이 열에 녹아서 액체 상태로 되는 일.   *용액 두 가지 이상의 물질이 균일하게 혼합된 액체.

긁힌 자국을 내려면?

아야!

햄릿, 그냥 살짝 베인 거야. 금방 나을 거다.

따끔하단 말이에요.

단단하고 날카로운 물질을 다룰 때는 조심해야 해.

부드러운 물질은 단단한 물질에 긁힐 수 있으니까.

강철못으로 나무를 긁으면 자국이 남지.

끼이익!

다이아몬드는 아주 단단해서 강철에 긁힌 자국을 낼 수 있어.

넌 어디에 베었니, 햄릿?

끼이익!

종이에요.

더 아파~

46

경도는 어떤 물질이 단단한 정도를 말해요.
경도가 높다는 건 아주 단단하다는
뜻이고, 경도가 낮다는 건 쉽게 긁히거나
부서질 수 있다는 뜻이에요.

경도를 측정할 때는 '모스 굳기계'를
많이 사용해요. 이것은 1부터 10까지
숫자로 나타내는데, 숫자가 클수록
단단한 물질이에요.

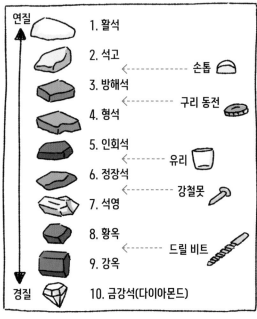

연질
1. 활석
2. 석고 ←-------- 손톱
3. 방해석
4. 형석 ←-------- 구리 동전
5. 인회석
6. 정장석 ←-------- 유리
7. 석영 ←-------- 강철못
8. 황옥
9. 강옥 ←-------- 드릴 비트
경질
10. 금강석(다이아몬드)

1번으로
갈수록
부드럽고,
10번으로
갈수록
단단해요.

손톱은 경도가 2~3으로 아주 부드럽고, 다이아몬드는 경도가 10으로 아주 단단해요.
모스 굳도계에서 숫자가 높은 물질은 더 단단하기 때문에,
숫자가 낮은 부드러운 물질을 긁으면 자국이 남아요.
예를 들어 경도가 7인 석영으로 경도가 3인 방해석을 긁으면 방해석에 긁힌 자국이 생기죠.
하지만 경도가 더 낮은 물질로 더 단단한 물질을 긁으면 자국이 나지 않아요.

그 누구도 강철 햄릿에게
긁힌 자국을 낼 수 없다!

닥터 다이아몬드라면
얘기가 달라지지!

물질의 세 가지 상태

물질은 크게 **고체**, **액체**, **기체**의 세 가지
형태로 나눌 수 있어요.

물질이 어떤 형태로 존재할지는 그 물질을
이루는 입자가 어떤 모습으로 늘어서
있는지에 따라 결정돼요.

고체

고체를 이루는 입자는 서로 아주 가깝고 규칙적으로
늘어서 있어요. 이 입자는 제자리에서 진동만 할 뿐
움직이지 않기 때문에, 고체는 담는 그릇이 바뀌어도
모양과 부피가 변하지 않아요.
고체에는 얼음, 돌, 나무 등이 있어요.

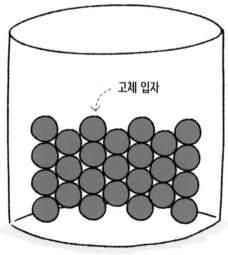

고체 입자

액체

액체를 이루는 입자는 고체에 비해
불규칙적으로 늘어서 있고, 입자 사이의
거리도 조금 더 멀어요. 또 액체는 입자가
비교적 자유롭게 움직이기 때문에 담는
그릇에 따라 모양이 변하거나, 모양을
잡아 줄 그릇이 없으면 흘러 버려요.
액체에는 물, 기름, 주스 등이 있어요.

온도계 안에 들어 있는 액체는
온도가 올라가면 *팽창해서 부피가 커지고,
온도가 내려가면 *수축해서 부피가 작아져.
온도계에 눈금을 표시해 두었기 때문에
액체가 올라가거나 내려가면 눈금을 보고
현재 온도를 알 수 있는 거야.

액체 입자

기체

기체를 이루는 입자는 매우 불규칙하게 늘어서 있어요.
서로 멀리 떨어져 있고, 자유롭게 움직일 수도 있지요.
그래서 기체는 담는 그릇에 따라 모양과 부피가 변해요.
또 기체는 열을 받으면 팽창해 공간을 가득 채우거나,
압력을 가하면 좁은 공간을 비집고 들어갈 수도 있어요.
기체에는 공기, 산소, 헬륨 등이 있어요.

기체 입자

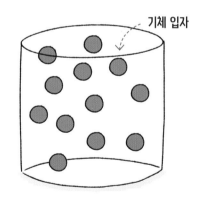

물질은 온도나 압력에 따라
고체, 액체, 기체 상태로 변할 수 있어요.
얼음을 가열하면 녹아서 액체인 물이 되고,
물을 더 가열하면 기체인 수증기로 변하는
것처럼요!

*팽창 부풀어서 부피가 커짐.
*수축 부피나 규모가 줄어듦.

이름을 빛내려면?

캣슈타인 박사의 과학 실험실

50

물질은 보통 고체, 액체, 기체로 존재하지만, 또 다른 상태도 있어요. 바로 **플라스마**예요. 플라스마는 기체가 엄청 뜨거워졌을 때 만들어져요. 기체가 플라스마 상태로 변하면 전기가 통하지 않던 물질이 전기가 통하는 등 기체일 때와는 다른 특성이 나타나요.

이게 바로 오로라야.

아름다워요!

우주에는 플라스마 상태인 물질이 아주 많아요. 태양도 플라스마로 이루어져 있지요. 태양에서 나온 플라스마가 지구의 자기장과 만나면 극지방 하늘에 아름다운 빛 현상이 나타나기도 해요. 이를 **오로라**라고 해요.

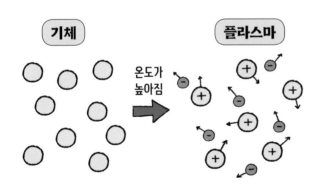

기체

플라스마

온도가 높아짐

기체 입자에 강한 열이나 전류를 가하면 전자가 떨어져 나가면서 양전하를 가진 이온과 전자가 자유롭게 움직이는데, 이런 상태가 플라스마예요.

네온 조명도 비슷한 원리로 빛을 내요. 튜브 속 네온 기체에 전류를 흘리면 입자들이 에너지를 받아 밝게 빛나게 되지요. 네온 조명은 광고 간판 등에 많이 사용돼요.

& 햄릿

쿨하게
슈퍼쿨링 해 볼까?

준비됐어요, 박사님!

아니, 햄릿!
그 옷차림은 뭐니?

오늘 슈퍼 쿨하게 할 거라고 하셨잖아요.

이런! 나는 *슈퍼쿨링, 즉 *과냉각을 말한 건데.

아.

*초냉각 냉장고의 온도를 아주 낮게 낮출 거야.

온도가 아주 낮아지면 기체 속 입자들의 움직임이 느려진단다.

얼마나 낮게요?

절대 영도.

어쨌든 전 쿨한 남자인 걸로!

*슈퍼쿨링 액체가 영하의 온도까지 차가워졌는데도 얼지 않고 액체 상태로 있는 상태.

물질을 뜨겁게 하면 입자가 더 빠르게 움직이고,
차갑게 하면 움직임이 느려져요. 온도를 계속
낮추다 보면 입자가 거의 움직이지 않게 되는
상태에 도달하는데, 이 온도를 **절대 영도**라고 해요.

절대 영도는 약 **-273.15°C**인데, 우리가 상상할 수
있는 가장 추운 온도예요.

으악! 절대 영도에 도달한
입자처럼 거의 움직일 수 없어!

1,200°C
용암 분출

57°C
지구상에서 기록된 가장 높은 온도

0°C
얼음의 녹는점

-184°C
달의 뒷면

-272°C
부메랑 성운, 우주에서 가장 추운 곳

5,500°C
태양의 표면

100°C
물의 끓는점

37°C
사람의 정상 체온

-61°C
남극의 최저 기온

-218°C
산소의 녹는점

-273.15°C
절대 영도

절대 영도에 완전히 도달하는 것은
불가능해요. 모든 열을 없애려면 무한한
에너지가 필요하기 때문이죠.
하지만 과학자들은 레이저를
이용해 특정 입자의 움직임을
아주 느리게 만들어, 절대 영도에 가까운
온도까지 낮추는 데 성공했어요.

*과냉각 액체가 얼어야 할 온도보다 더 낮은 온도로 내려가도 아직 얼지 않은 상태.
*초냉각 물질을 매우 낮은 온도까지 냉각해 절대 영도(-273.15℃)에 가깝게 만든 상태.

비가 오게 하려면?

차 마실래, 헴릿?

좋죠.

우선 물의 상태를 바꿔야 해.

아니. 온도를 높여서 끓는점에 도달하게 하려는 거야.

물에 무슨 문제라도 있나요?

모든 물질은 상온에서 고체나 액체, 기체 상태로 존재해.

온도나 압력을 높이거나 내리면 물질의 상태를 바꿀 수 있어.

물은 상온에서 액체 상태로 존재해.

물의 온도를 0°C로 낮추면 얼지.

물의 온도를 끓는점까지 올리면 기체로 변하고.

김이 나요!

이제 차에 부으면 되죠?

그래.

물은 100°C에서 끓는단다.

온도가 내려가면 증기는 어떻게 되죠?

좋은 질문이야!

구름은 수증기로 이루어져 있어. 수증기는 물이 기체로 바뀐 상태인데, 온도가 내려가면 다시 액체로 변하는….

액화가 일어나는 거죠?

그래. 구름의 수증기가 물방울로 변하면 하늘에서 물방울이 떨어지지.

우린 쫄딱 젖고요!

그런데 모든 물질은 고체에서 액체로, 액체에서 기체로 변할 수 있는 거예요?

액체 단계를 건너뛰는 물질도 있어.

제 스타일 이네요!

냉각된 이산화 탄소는 온도가 높아지면 액체 상태를 거치지 않고 고체에서 곧바로 기체로 변한단다.

온도가 낮아지면 기체에서 바로 고체로 변하는데, 이를 승화라고 하지.

안으로 들어가면 안 될까요? 빗물이 차에 *침전되고 있어요!

*침전 액체 속에 녹아 있던 물질이 아래로 가라앉는 현상.

물질을 섞으려면?

셰킷~
셰킷~

휴

박사님, 못 하겠어요.
아무리 해도 안 돼요.

물과 기름을 섞으려고 몇 시간이나
흔들었는데, 도무지 섞이질 않아요.

제 한계는 여기까지인가 봐요.
더 유능한 조교를 구하세요.

그냥 실험일 뿐이야, 햄릿.
물과 기름이 섞이지 않는 건 당연해.

아무리 열심히 흔들어도
원래 소용없었던 거예요?

마지막으로 한 번만
더 해 볼래요.

앗! 뚜껑 닫는 걸 깜빡
잊어버렸어요!

촤악!

산소, 칼슘, 철처럼 한 가지 원자로만 이루어진 물질을 **원소**라고 해요. 원소들을 서로 섞으면 화합물이나 혼합물을 만들 수 있어요.

화합물은 두 가지 이상의 서로 다른 원소가 화학 반응으로 결합해서 새로운 물질이 된 거예요.

우주의 모든 것은 전부 다 원소, 화합물 또는 혼합물이야.

저도요?

그럼. 당연히 너도 포함이지.

물은 수소와 산소의 화합물이야.

혼합물은 여러 가지 물질이 섞이지만, 서로 반응하지 않아서 각 물질이 원래 모습과 성질을 그대로 유지하는 상태예요.

혼합물은 그 성분이 어떻게 섞여 있는지에 따라 구분하는데, 균일 혼합물(용액), 콜로이드, 불균일 혼합물(현탁액)로 나눌 수 있어요.

1 **균일 혼합물**은 하나의 물질(용질)이 다른 물질(용매)에 완전히 녹아 입자가 보이지 않을 정도로 고르게 섞인 혼합물을 말해요. 소금물이 여기에 해당해요.

2 **콜로이드**는 매우 작은 입자가 균일하게 퍼져 있는 혼합물이에요. 입자가 너무 작아서 잘 보이지 않지만, 빛을 비추면 흐릿하게 보일 수 있어요. 우유나 안개가 콜로이드에 속해요.

3 **불균일 혼합물**은 눈에 보이는 큰 입자가 섞여 있지만, 시간이 지나면 일부가 가라앉거나 떠오르는 혼합물이에요. 흙탕물이 불균일 혼합물에 속해요.

균일 혼합물
(용액)

콜로이드

불균일 혼합물
(현탁액)

미세 입자

먼지 크기 입자

그런데 모든 액체가 잘 섞이는 것은 아니에요. 어떤 액체는 분자가 서로 밀어내어 섞이지 않는데, 이런 액체를 불혼화 액체라고 해요. 대표적인 예로 물과 기름이 있어요.

냄새를 더 잘 맡으려면?

콩콩~

콩콩~

감기 걸리셨어요, 박사님?

콩콩~

혹시 무슨 냄새 안 나니?

전혀요.

조깅하고 올게요. 혹시 제 운동화 보셨어요?

운동화? 흠….

아, 여기에 둔 걸 깜빡했네!

윽, 이 냄새였군.

기체와 액체를 이루는
작은 입자는 자유롭게
움직이며 용기 안을 가득
채워요.
어떤 물질에 기체나 액체
상태인 물질을 넣으면
농도가 높은 쪽에서 낮은
쪽으로 입자가 서서히 퍼져
나가면서 섞이는데, 이를
확산이라고 해요.

냄새 잘 나나요,
박사님?

너무 나서
큰일이다.

비커에 담긴 물에 염료를 한 방울 떨어뜨리면
확산이 일어나 염료가 천천히 퍼져 나가요.
염료의 작은 입자가 물속을 자유롭게
움직이면서 물의 입자와 만나 골고루 섞이지요.
시간이 지나면 물이 염료와 완전히 섞여
새로운 색으로 변하게 돼요.

냄새가 너무 심해서
안 되겠어.
자, 이거 가져!

와!
새 운동화다!

향이나 냄새가 퍼지는
원리도 같아요. 냄새 입자가
공기 입자에 부딪히며
사방으로 튕겨 나가면서
냄새가 퍼지는데, 이렇게
퍼진 냄새 입자가 코에
닿으면 우리가 냄새를 맡게
되죠.

농도를 조절하려면?

뭐 하니, 햄릿?

집중하고 있어요.

그럼 조용히 집중하렴. 자리 비켜 줄게.

괜찮아요. 다 했어요. 머리가 피곤해지기 시작했거든요.

잘됐다. 그럼 내 실험을 좀 도와주렴.

농도에 관한 실험이야!

야호, 새로운 실험이다!

첫 번째 컵은 물에 주스를 약간 섞은 거야.

두 번째 컵은 주스에 물을 약간 섞은 것이고.

농도가 더 진하지.

주스를 좀 더 섞으면….

어? 왜 컵이 비었지?

죄송해요. 너무 집중했더니 목이 말라서 제가 마셨어요.

농도는 혼합물 속에 특정 물질이 얼마나 들어 있는지를 나타내는 정도를 말해요.

어떤 물질(용질)을 다른 물질(용매)에 섞으면 용액이 만들어져요.
용액에 용질이 많이 들어 있을수록 용액의 농도가 더 진해져요.

농도가 진할수록 용액 속 입자가 더 빽빽하게 모여 있어 서로 부딪히는 일이 많아져요.
그래서 농도가 높을수록 입자들이 더 자주 만나고, 화학 반응도 빨라지는 거예요.

농도가 묽다　　　　**농도가 짙다**

농도를 묽게 하려면 어떻게 해요?

*희석하면 되지.

주스를 희석하려면 물을 더 섞으면 돼.

*희석 용액에 물이나 용매를 넣어 농도를 묽게 하는 것.

61

차를 더 달콤하게 만들려면?

차에 설탕을 몇 스푼 넣을 거니?

많이요! 전 제 성격처럼 달콤한 게 좋거든요.

차에 설탕을 넣으면 용액이 만들어져.

용액이요?

용액은 혼합물의 일종이란다.

너무 달아요! 설탕을 너무 많이 넣었나 봐요. 설탕이 녹았는데 어떻게 덜어 내죠?

불가능하지. 설탕이 차에 완전히 용해되었으니까.

네 성격이 그다지 달콤한 편은 아닌가 보다.

설탕을 물에 넣으면 설탕이
물에 녹아 **용액**이 돼요.

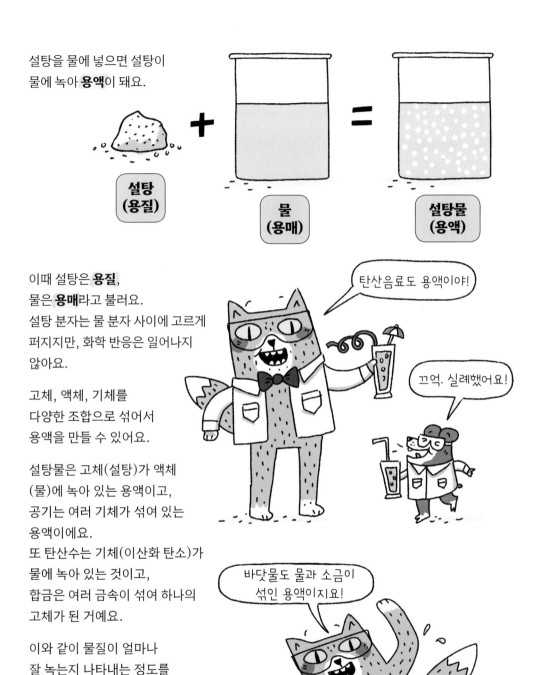

**설탕
(용질)**

+

**물
(용매)**

=

**설탕물
(용액)**

이때 설탕은 **용질**,
물은 **용매**라고 불러요.
설탕 분자는 물 분자 사이에 고르게
퍼지지만, 화학 반응은 일어나지
않아요.

고체, 액체, 기체를
다양한 조합으로 섞어서
용액을 만들 수 있어요.

설탕물은 고체(설탕)가 액체
(물)에 녹아 있는 용액이고,
공기는 여러 기체가 섞여 있는
용액이에요.
또 탄산수는 기체(이산화 탄소)가
물에 녹아 있는 것이고,
합금은 여러 금속이 섞여 하나의
고체가 된 거예요.

이와 같이 물질이 얼마나
잘 녹는지 나타내는 정도를
용해도라고 해요.

탄산음료도 용액이야!

끄억. 실례했어요!

바닷물도 물과 소금이
섞인 용액이지요!

혼합물을 분리하려면?

햄릿, 이제 우리 분리할 때가 된 것 같구나.

힝. 그럼 새 조교를 구하시는 건가요?

그럴 리가! 혼합물을 분리하는 방법을 알아보자는 거야.

혼합물 속 물질들이 화학적으로 붙어 있지 않으면 쉽게 분리할 수 있어.

휴!

여과기는 아주 작은 구멍으로 고체의 작은 입자만 걸러 내는 도구예요. 크기가 다른 입자를 걸러 낼 때 사용해요.

물에서 모래와 돌 부스러기를 제거하는 좋은 방법이지.

고체와 액체 혼합물
여과지
깔때기

물이 맑아졌어요!

원심 분리기를 사용하면 혼합물 속 밀도가 다른 입자를 분리할 수 있어.

분리 전 **분리 후**

밀도가 더 큰 입자는 아래로 모임.

원심 분리기

원심 분리기는 액체가 든 시험관을 빠르게 돌려서 밀도가 높은 입자들을 아래로 모이게 해요. 이렇게 해서 액체와 무거운 입자를 분리할 수 있어요.

액체뿐만 아니라 기체도 크로마토그래피로 분리할 수 있지.

크로마토그래피는 혼합물을 분리하는 실험 방법이에요. 여과지에 검은 잉크를 찍고, 물이 담긴 비커에 잉크가 물에 닿지 않게 넣어요. 물이 여과지를 따라 올라가며 잉크 속 색소가 서로 다른 속도로 퍼져서 검은 잉크가 여러 색으로 분리되는 모습을 볼 수 있어요.

물이 종이에 스며들면서 검은 잉크 속 색소가 서로 다른 속도로 위로 퍼져서 분리돼요. 이렇게 종이에 남은 색깔 무늬를 **크로마토그램**이라고 해요. 크로마토그램을 보고 검은 잉크에 어떤 색소가 들어 있는지 알 수 있지요.

크로마토그램이라... 적어 놔야겠다.

앗, 잉크가 떨어졌네!

*순도를 높이려면?

유리병 이리 주렴, 햄릿.

어, 왜 물이 줄어들었지?

고맙다.

웩!

그걸 마시면 어떡하니, 햄릿.

물이 짜요.

증류 실험에 쓰려던 건데.

소금을 분리해서 순수한 물을 만들 거야.

전 이미 짠맛을 봤는데요.

*순도 어떤 물질에 불순물이 얼마나 적은지 또는 얼마나 순수한지를 나타내는 말.

끓는점이 다른 액체들이 섞여 있는 혼합물은 *증류로 분리할 수 있어요.
증류는 각 액체의 *끓는점 차이를 이용하는 방법이에요.

끓는점이 가장 낮은 액체가 먼저 증발해 기체가 돼요. 이 기체는 위로 올라가 냉각기에
들어가고, 냉각기 밖의 차가운 물이 기체를 식혀 다시 액체로 바꿔 줘요. 이렇게 다시
액체가 된 순수한 물질이 아래쪽 플라스크에 모여요.

증류를 사용하면 물에서 소금을 제거할 수 있어요.
물을 가열해 증기로 만들고, 냉각기를 통해 다시
깨끗한 물만 모으는 거예요. 끓는점이 다른 액체
혼합물도 이렇게 분리할 수 있답니다.

*증류 액체를 가열하여 생긴 기체를 다시 냉각하여 액체로 만드는 일.
*끓는점 액체가 끓기 시작하는 온도.

공중에 뜨려면?

나중에 봐요, 박사님.

어딜 가니, 햄릿!

구름 속으로요!

그렇게 해선 절대로 못 가겠는걸.

풍선을 뭘로 채웠니?

공기요.

몸이 뜨려면 공기보다 밀도가 낮은 기체를 넣어야 해.

내가 도와주지. 헬륨을 넣자꾸나.

이제 잘 뜨지?

내려갈 땐 어떻게 해요?

그것도 내가 도와줄 수 있지.

악! 잠깐만요!

냥냥 호기심 퀴즈

Q. 캣슈타인 박사와 햄릿이 우주여행을 떠났어요.
두 그림에서 다른 곳을 모두 찾아 동그라미표를 해 보세요.(8개)

* 정답은 143쪽에 있어요.

3장

반응 얻기

화학 반응

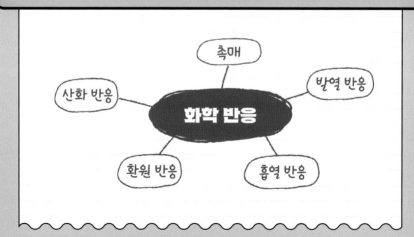

깨뜨리지 않고 썩은 달걀을 골라내려면?

달걀 스크램블 만들 건데, 드실래요?

이 달걀 산 지 얼마나 된 거니?

몇 달 됐을걸요.

그럼 상했겠다.

달걀이 상했는지 어떻게 알아요?

물에 넣어 보면 알 수 있어.

오, 달걀이 물에 떴어요!

달걀은 상하면서 기체가 생기거든. 기체는 물보다 밀도가 낮으니까 달걀이 물에 뜨는 거야.

상해서 그렇군요.

달걀이 썩었는지 알 수 있는 방법이 또 있지.

자, 냄새 맡아 봐.

웩!

그냥 토스트 먹을래요.

윽!

썩은 달걀이나 스컹크가 발사하는
액체에서 나는 강한 악취에는
황(S)이라는 화학 물질이 들어 있어요.
황은 노란색을 띠는 비금속 원소인데,
화산암 속에 많이 들어 있어요.
불이 잘 붙고, 타오를 때 푸른 불꽃을
낸답니다.

황은 수소와 만나면
'황화 수소'라는 기체를
만들어요. 이 기체는 썩은
달걀처럼 아주 고약한 냄새가
나요. 황화 수소는 냄새뿐만
아니라 독성도 강하니
조심해야 해요.

황은 콘크리트, 폭죽, 자동차 배터리
같은 다양한 물건을 만드는 데 쓰이고,
우리 몸에서도 중요한 역할을 해요.
지방을 만들고 뼈를 튼튼하게 해 주며,
손톱과 머리카락이 잘 자라도록
도와준답니다.

원자가 불안정하면?

우리 왜 이렇게 꽁꽁 싸맨 거예요, 박사님?

이 옷은 방사성 원소를 연구하는 동안 우리 몸을 보호해 줄 거야.

불안정해요.

맞아, 햄릿!

방사성 원소는 불안정하지. 방사선이 방출되니까.

불안정하다고요.

맞아.

이 방사성 원소는 납으로 만든 용기에 안전하게 들어 있어서 괜찮단다.

그래도 불안정해요.

걱정 말라니까.

아이쿠!

쿵!

불안정하다고 계속 말씀드렸잖아요. 의자가….

대부분의 원자는 안정적이어서 시간이 지나도
변하지 않아요. 하지만 **방사성 원소**는
원자핵이 불안정해서 안정된 상태로
변하려고 **에너지를 방출해요.**
이 에너지를 **방사선**이라고 하고,
이렇게 변하는 과정을 **붕괴**라고 해요.
붕괴가 일어나는 데는 몇 초가
걸리기도 하고, 때로는 수백만 년이 걸려요.

방사성 원소로는 우라늄, 라듐, 폴로늄 등이
있어요. 이런 원소들이 붕괴하면서 알파 입자,
베타 입자, 감마선 같은 방사선을 방출해요.

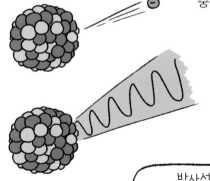

알파 입자는 양성자 2개와 중성자 2개로 이루어진
작은 덩어리예요. 이 덩어리가 원자핵에서 떨어져
나오면서 방사선을 방출해요.

베타 입자는 아주 작은 전자인데 원자 속에서
중성자가 양성자로 변할 때 방출돼요.

감마선은 고에너지 파동이에요. 눈에 보이지
않는 강한 전자기파라서 조심해야 해요.

이와 같이 방사성 원소들은 방사선을
방출하면서 점점 더 안정된 상태로 변해요.

방사성 원소가 몸속에 들어오면 세포의 구조와
DNA를 손상시킬 수 있어요. 그래서 방사성
물질에는 위험 경고 표시가 붙어 있어요.

화학 반응의 모든 것!

아야!
왜 그러세요?

네 반응을
시험해 봤지.

화학 반응은 어떤 물질이 다른 물질로
변하는 과정이에요. 화학 반응이
일어나면 물질을 이루는 원자의
배열이 달라져 성질이
전혀 다른 새로운 물질이
만들어져요.

화학 반응을 할 때 사용되는
물질을 **반응물**이라고 하고,
화학 반응 후 새로 만들어진
물질을 **생성물**이라고 해요.

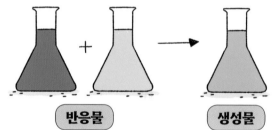

반응물

생성물

배터리에서 에너지가
생기거나, 금속이
녹슬거나, 나뭇잎
색이 계절에 따라
변하는 것도
화학 반응의
결과이지요.

우리 몸에서도 화학 반응이 일어나지!
우리가 호흡할 때 산소가 몸속
포도당과 반응해 이산화 탄소와
수증기가 만들어져.

오, 신기해요.

화학 반응은 폭발처럼
아주 빠르게 일어나기도 하고,
반대로 아주 오랜 시간이
걸리기도 해요.

반응물의 농도를 진하게 하거나,
반응물에 열이나 전기를 더해 주면
반응 속도를 높일 수 있어요.

화학 반응 덕분에 케이크도
구울 수 있어. 반응물, 즉 재료를 섞고
가열하는 거니까.

냠!

생성물이 너무 맛있어요!

더 빠르게 반응하려면?

플라스크 뚜껑 받아, 햄릿!

아이코.

너무 느리구나, 햄릿.

네 반응 속도를 높여 주는 촉매가 있으면 좋을 텐데.

촉매요?

촉매는 화학 반응의 속도를 높여 주는 물질이야.

네 반응 속도를 높여야겠어.

자, 던진다. 이번엔 꼭 받아야 해!

네.

진짜 던진다니까?

네.

왜 가만히 서 있니? 너의 반응 속도는 빵점이야!

던지는 시늉만 하실 줄 알았거든요.

***촉매**는 화학 반응이 더 빨리
일어나도록 도와주는 물질이에요.
화학 반응이 일어나려면 에너지가
필요한데, 촉매는 이 에너지를 낮춰서
반응이 빨리 일어나게 해 줘요.
예를 들어 비료의 재료인
암모니아를 만들 때
철이라는 촉매를 사용하면
반응이 더 빨리 일어나죠.

촉매는 화학 반응을 도울 뿐,
반응이 끝나도 자기 모습이나
성질이 변하지 않아요.
그래서 여러 번
반복해서 쓸 수 있지요.

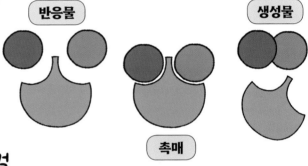

반응물 | 생성물

촉매

우리 몸에도 촉매 역할을 하는 물질이 있어요.
이를 '**효소**'라고 해요. 효소는 우리가 음식을 잘 소화할 수
있도록 도와주고, 세제에 들어가 기름때나 얼룩을 분해하는
역할도 해요.

반면 '저해제'라는 물질은
화학 반응이 천천히 일어나게 하거나
아예 멈추게 한답니다.

앗! 효소가
필요해.

*촉매 자신은 변화하지 않으면서 다른 물질의 화학 반응을 매개해 반응 속도를
빠르게 하거나 늦추는 일. 또는 그런 물질.

로켓을 움직이려면?

곰돌아, 준비됐니?

행운을 빌어, 곰돌아. 용기를 잃지 마.

다 됐니?

네. 곰돌이가 보고 싶을 거예요.

이 로켓에는 승객이 필요 없다니까. 이건 시험 발사일 뿐이야.

그치만 곰돌이가 꼭 타고 싶대요.

그래. 로켓을 발사하려면 우선 연료를 확인해야 해. 로켓에는 수소와 산소가 들어 있어. 이 두 물질이 만나서 불이 붙으면 엄청난 에너지가 나오지. 이를 연소라고 해.

나무나 석탄, 석유를 태우는 것처럼요?

맞아. 연소하면서 많은 열과 빛을 생성한단다.

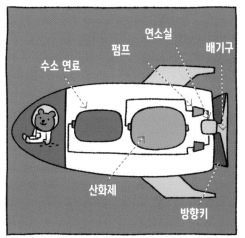

수소 연료
펌프
연소실
배기구
산화제
방향키

연료가 타면서 만들어진 가스가 끝부분 배기 노즐을 통해 빠른 속도로 분출되면서 로켓이 추진력을 얻는 거야.

내 계산이 정확하다면, 연료가 충분하니까 로켓이 지구 궤도에 도달할 만큼 속도를 낼 수 있을 거다.

그다음에는요?

로켓은 지구로 돌아오고 상공에서 완전히 타 버리지.

완전히 타 버린다고요?

잠깐만요.

뭐 하는 거니?

곰돌이가 마음이 바뀐 것 같아요.

그냥 지구에서 구경하겠대요.

불꽃놀이를 즐기려면?

탁탁!

불꽃이네!

우와!

오늘 무슨 날이에요?

화학의 날을 축하하는 거야.

팡팡!

오늘이 화학의 날이에요?

매일매일이 화학의 날이지!

타다닥

금속 화합물을 이용해서 산화제가 전자를 잃거나 얻는 '산화—환원 반응' 덕분에 불꽃놀이를 할 수 있는 거야.

탁탁!

그냥 불꽃이 예쁜 건데 너무 어렵게 말씀하시네요.

알았다, 햄릿. 불꽃이 정말 예쁘구나.

팡팡!

타다닥

산화-환원 반응이란
산화 반응과 환원 반응이
동시에 일어나는 것을 말해요.
어떤 물질이 전자를
잃어버리는 반응을 **산화**,
어떤 물질이 전자를 얻는 반응을
환원이라고 해요.

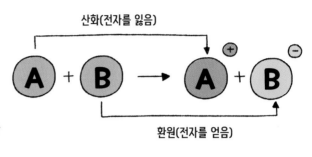

불꽃놀이 폭죽의 금속과
화합물에 열을 가하면
산소가 만들어지지.

바로 이 산화-환원 반응 덕분에 불꽃놀이를
즐길 수 있어요. 폭죽에는 산소와
연료가 들어 있는데, 산화-환원 반응으로
산소가 연료와 빠르게 결합하면서
많은 열과 빛이 방출되죠.
이때 나오는 에너지가 불꽃놀이의
불빛이 되는 거예요!

불꽃놀이에서 다양한 색이 나오는 이유는
사용되는 금속의 종류가 다르기 때문이에요.
각각의 금속은 특정한 색깔의 불꽃을 만들어 내지요.

빨간색:
리튬

노란색:
나트륨

청록색:
구리

보라색:
칼륨

주황색:
칼슘

황록색:
바륨

은색:
마그네슘,
알루미늄

흰색:
마그네슘,
알루미늄,
티타늄

화학의 날을
축하합니다!

퇴비는 어떻게 만들까?

으. 이게 무슨 냄새야?

죄송해요, 냥스 다윈 박사님. 거기 계신 줄 몰랐어요!

악취의 범인은 내가 아니야, 햄릿. 퇴비 더미에서 나는 거야.

음식물 쓰레기와 식물 폐기물을 쌓아 두었거든.

그냥 버리면 되지 않나요?

천연 비료를 만드는 거야! 지렁이와 벌레, 세균이 채소를 분해하면 퇴비가 되지. 그걸 흙에 뿌려서 식물을 키우는 거야.

왜 연기가 나죠?

발열 반응 때문이야.

퇴비 속 큰 분자가 작은 분자로 분해되면서 열에너지가 나오거든.

뜨겁고 냄새나는 과학 프로젝트네요!

화학 반응이 일어날 때 주위로
열을 내보내는 반응을
발열 반응이라고 해요.
발열 반응이 일어나면
주위의 온도가 높아지죠.

발열 반응은 우리 생활 곳곳에서 만날 수 있어요.
연료가 탈 때 열이 나거나, 손난로가 따뜻해지거나,
야광봉에서 빛이 나오는 것 등이 모두 발열 반응이랍니다.
특히 야광봉은 열 대신 빛이 나오는
발열 반응이죠.

산성 물질에 알칼리성 물질을 넣어도
발열 반응이 일어날 수 있어요.

발열 반응에서는 분자가 결합하거나 깨지는 과정이 일어나요. 결합할 때는 결합을 깰 때보다
에너지가 적게 들어요. 그래서 결합이 생기고 남은 에너지가 열이나 빛으로 방출되는 거예요.

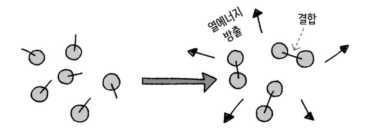

85

열을 흡수하려면?

인생은 즐거워요!

레모네이드 줄까?

좋죠.

레모네이드에 흡열 반응을 추가해 줄까?

아뇨. 그냥 마실래요.

얼음 안 넣을 거야?

잔뜩 넣어 주세요.

자, 여기.

짤랑 짤랑

꿀꺽 꿀꺽

으, 너무 추워요.

흡열 반응이 너무 세게 일어나 버렸네.

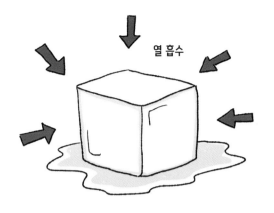

열 흡수

화학 반응이 일어날 때 주위에서 열을 흡수하는 반응을 **흡열 반응**이라고 해요. 흡열 반응이 일어나면 주위의 온도가 낮아져요.

흡열 반응도 우리 생활에 널리 이용돼요. 얼음이 녹는 것도 흡열 반응이지요. 얼음이 녹으면서 열을 흡수해 주위의 온도가 내려가거든요.

냉찜질 팩이 차가워지는 것도 흡열 반응이랍니다. 팩 안에서 화학 반응이 일어나면서 주변의 열을 흡수해 팩이 차가워지는 거예요. 음식이나 음료수를 시원하게 보관해 주는 아이스박스 속 아이스 팩도 같은 원리지요.

으악, 머릿속까지 꽁꽁 언 것 같아!

앗!

베이킹 소다(중탄산 나트륨)와 식초(초산)를 섞어도 흡열 반응이 일어나요. 두 물질이 반응하면서 에너지를 흡수해 주변 온도가 내려가고, 거품도 많이 생긴답니다.

식초

베이킹 소다

전지는 어떻게 만들까?

내 휴대 전화가 꺼졌네!

그건 화학으로 해결할 수 없는 문제예요!

전지는 화학 에너지를 전기 에너지로 바꿔 주는 장치예요. 전지 안에는 특별한 화학 물질이 들어 있어서, 이 물질들이 서로 반응하면서 전기를 만들어 내요!

그렇지 않아. 배터리는 화학과 아주 밀접한 관련이 있단다.

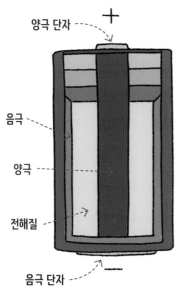

양극 단자

음극

양극

전해질

음극 단자

가장 단순한 전지는 두 전극, 즉 음극과 양극으로 이루어져 있어요. 음극과 양극은 서로 다른 금속으로 만들어지고, 전해질이라는 특별한 물질 속에 담겨 있어요. 전해질은 전기가 흐를 수 있도록 도와주는 역할을 해요.

음극에서는 전자가 만들어지고, 양극은 이 전자를 받아들여요. 전지에 전선을 연결하면 전자가 음극에서 양극으로 이동하면서 전기가 흐르게 돼요. 이렇게 전지에서 전기 에너지가 나와 기기에 전력을 공급해 주는 거예요.

전지가 전기를 내는 과정도
발열 반응이에요. 전지 안에서
화학 반응이 일어나면서
에너지가 생성되고,
그중 일부는 열로
방출되지요.

소변을 재활용해 볼까?

우주 비행사들이 마시는 물인데 마셔 볼래, 햄릿?

좋아요!

그냥 평범한 물인데요?

물은 물인데….

꿀꺽

땀과 소변을 재활용한 물이지.

퉤 퉤!

우주 비행사들이 정말 이런 물을 마셔요?

우리가 마시는 물은 전부 재활용된 거야, 햄릿.

지구와 마찬가지로 국제 우주 정거장에서는 폐수와 소변을 정화해서 재사용한단다.

깨끗한 물을 배달받을 수 없어서 그렇군요.

재활용한 물은 공기 속 산소를 만드는 데도 이용되지.

국제 우주 정거장(ISS)에서는 물이 부족하기 때문에 폐수와 소변을 *정화해서 식수로 사용해요. 정화한 물을 전기 분해해 산소와 수소를 얻고, 이 산소를 비행사들이 숨 쉬는 데 사용하기도 하죠.

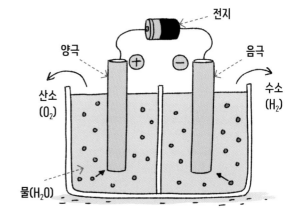

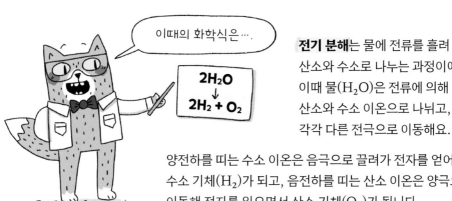

이때의 화학식은….

$$2H_2O \rightarrow 2H_2 + O_2$$

전기 분해는 물에 전류를 흘려 산소와 수소로 나누는 과정이에요. 이때 물(H_2O)은 전류에 의해 산소와 수소 이온으로 나뉘고, 각각 다른 전극으로 이동해요.

양전하를 띠는 수소 이온은 음극으로 끌려가 전자를 얻어 수소 기체(H_2)가 되고, 음전하를 띠는 산소 이온은 양극으로 이동해 전자를 잃으면서 산소 기체(O_2)가 됩니다.

이렇게 만들어진 산소는 국제 우주 정거장의 공기 공급 시스템에 들어가 우주 비행사들이 숨을 쉴 때 사용돼요. 수소는 깨끗한 식수를 만드는 데 사용하지요.

*정화 깨끗하고 맑게 만드는 것.

물 위를 걸으려면?

멀 보고 계세요,
냥스 다윈 박사님?

소금쟁이야.

소금쟁이요?

물 위를 걷는
곤충이야.

물 위를 걸을 수 있어요?
전 금방 가라앉는데.

넌 체구가
작지만 그래도
물에서 걷기엔
무겁지.

소금쟁이는 물의 표면에 만들어진
피부 위로 체중을 분산시켜서
물 위를 걸을 수 있어.

하지만 물은 피부가 없잖아요!

*표면 장력
이란 게 있지!

*표면 장력 액체 표면에서 액체가 서로 끌어당기는 힘.

액체 속 분자는 서로
끌어당기는 성질이 있어요.
물에서는 물 분자가
공기보다 서로 더 강하게
당기기 때문에 표면에 얇은
막이 생기는데, 이를
표면 장력이라고 해요.

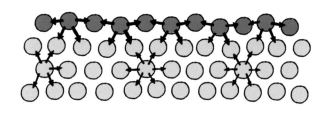

액체 표면에 있는 분자는 위쪽에 다른
분자가 없어서 옆이나 아래쪽으로
더 강하게 끌어당기는 힘을 받아요.
이 덕분에 물 표면에 얇은 막이 만들어지는
거예요. 그래서 소금쟁이 같은 작은 곤충이
물 위를 걸을 수 있는 거랍니다.

너 너무
멋진 척하는 거
아니야?

또 다른 현상으로 표면 장력을 시험해 보려면
종이 클립을 물 위에 살짝 올려 보세요.
클립이 물보다 무겁지만, 물 분자가 서로
끌어당기면서 만든 얇은 막 덕분에
클립이 물 위에 뜬답니다.

물방울이 둥근 모양을 유지하는
것도 표면 장력 때문이에요.
물 분자가 서로 당기며 표면적을
줄이려 하기 때문에 물방울이
둥글게 되는 거랍니다.

파이프를
터트리려면?

빨리! 서둘러!

왜요,
박사님?

날씨가 너무 추워서
파이프가 터졌어.

이런!

우선 물을 잠가야 해.

파이프가 왜 터진 거예요?

물이 얼어서
그렇지.

물이 얼면 부피가 팽창해서
파이프를 밀어내거든.

또 터지면 안 되는데….

앗!

물은 자연에서 고체, 액체, 기체 상태로 존재할 수 있어요.

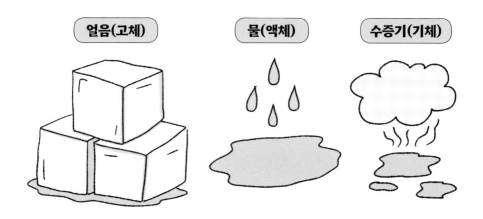

물이 액체에서 고체로 얼면 부피가 팽창하는 특성이 있지요.
물(H_2O)은 수소 원자 2개와 산소
원자 1개로 이루어진 분자로,
0°C에서 얼기 시작해요.

액체 상태일 때 물 분자들은 서로
강하게 끌어당기며 가까이 모여
있지만, 온도가 낮아져 얼게 되면
분자들이 일정한 간격을 두고
육각형 구조로 배열돼요.

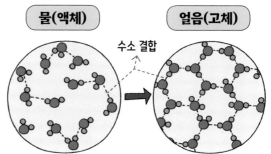

이때 분자들 사이에 빈틈이 생겨 부피가
커지죠. 이 팽창하는 힘이 아주 강력해서
금속 파이프 속의 물이 얼면
그 압력 때문에 파이프가
터질 수도 있어요.

얼음은 부피가 커진
상태이기 때문에 액체 상태인
물보다 밀도가 낮아져요.
그래서 얼음이 물에 뜨게 되는 거예요.

화석은 어떻게 만들어질까?

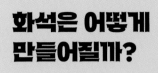

공룡이 살던 시대에 저 같은 햄스터도 있었나요?

비슷한 포유동물이 있긴 했단다.

네 조상은 800만 년 전에 살았어. 소만 한 크기의 설치 동물이었을 거야.

우와!

네 사촌쯤 되는 동물은 물가에 살았고 거대 악어를 피해 달아나야 했지.

어떻게 됐어요?

멸종됐어. 하지만 화석 덕분에 존재를 알 수 있는 거야.

죽었을 때 강물에 실려 온 *실트 같은 *퇴적물과 함께 묻힌 다음

그 위로 계속 퇴적물이 층층이 쌓여서 동물의 흔적이 보존되었지.

96 　 *실트 모래보다는 작고 점토보다는 큰 돌 조각.　 *퇴적 자갈, 모래, 흙 등이 물과 바람 등의 원인으로 쌓이는 것.

그 층들이 암석층으로 변하고 동물의 뼈와 이빨에는 물이 스며들어서 신체 조직이 광물로 변해.

수백만 년이 흐르는 동안 광물이 돌로 변해서 화석이 된단다. 이렇게!

그렇군요. 화석도 화학이네요!

화석은 어떻게 발견하나요?

지층의 움직임이 아래쪽 암석층을 표면으로 밀어 올려서 화석이 발견된단다.

전 악어를 물리치는, 무시무시하고 거대한 햄스터가 되고 싶어요!

꼭 커야만 인정받을 수 있는 건 아니야, 햄릿.

언젠가 너도 화석이 되면 인정받게 될 거야!

물에 계속 떠 있으려면?

수영장보다 바다에서 떠 있는 게 훨씬 쉬워요. 이유가 뭘까요?

바닷물이 짜기 때문이야, 햄릿!

짠 거랑 무슨 상관이에요?

물보다 밀도가 낮은 고체는 물에서 뜨잖아.

얼음처럼요?

그래. 물에 소금을 넣으면 밀도가 더 높은 용액이 된단다.

물에 소금을 많이 넣을수록 더 쉽게 떠 있을 수 있겠네요?

그렇지. 하지만 그 정도로는 어림도 없단다, 햄릿!

Q. 캣슈타인 박사와 햄릿이 나들이를 갔어요.
그런데 캣슈타인 박사가 잠깐 한눈판 사이에 햄릿이 없어져 버렸네요!
캣슈타인 박사가 햄릿을 찾을 수 있도록 길을 따라가 보세요.

도착!

박사님, 저 여기 있어요!

출발! →

햄릿, 어디 있니?

* 정답은 143쪽에 있어요.

2022 개정 교육과정 과학 교과 연계

◦ 5학년 1학기 ⋯⋯ 용해와 용액

◦ 6학년 1학기 ⋯⋯ 산과 염기

산성 테스트

산과 염기

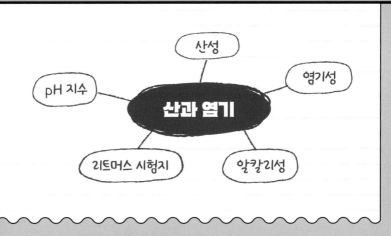

신맛을 즐기려면?

팬케이크 어떻게 먹는 걸 좋아하세요?

과당 한 스푼에 시트르산을 살짝 뿌려 주렴.

박사님, 이건 요리예요. 실험이 아니라고요.

꿀하고 레몬즙을 뿌려 다오.

레몬즙이 산이에요?

약산이야. 오렌지, 레몬, 라임, 자몽 등 여러 과일에 시트르산이 들어 있단다.

산은 물에 녹으면 수소 이온을 만드는 화합물이야.

주문 내용 접수되었습니다.

팬케이크를 뒤집은 다음에 만들어 드릴게요.

어?

휙!

산은 신맛을 내는 성질이 있어요. 레몬즙이나 식초가 대표적인 산성 물질이죠. 산은 물에 녹으면 양전하를 띠는 수소 이온(H^+)을 만들어 내는 성질도 있어서, 다른 물질과 강하게 반응할 수 있어요. 이 수소 이온이 많을수록 산성도가 높아져서 산성 물질은 물과 섞일 때 더 강한 성질을 나타내기도 해요.

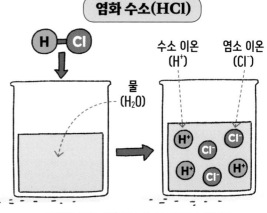

염화 수소(HCl)

수소 이온 (H^+)   염소 이온 (Cl^-)

물 (H_2O)

이온이 많이 방출될수록 산성도가 높아져요.

산과 반대 성질을 가진 물질을 **염기**라고 해요. 염기는 쓴맛이 나고 미끌미끌해요. 염화 수소(HCl)라는 물질을 물에 넣으면 염산이라는 아주 강한 산이 되는데, 염기는 물에 녹아 수산화 이온(OH^-)을 만들어 내요. 이 수산화 이온은 산과 만나면 서로 중화되어 물이 만들어지죠.

네 배 속에도 염산이 들어 있단다.

안 돼! 당장 병원에 가야겠어요!

산은 *부식성 때문에 위험할 수 있지만, 물을 많이 섞어 농도를 낮추면 위험성이 줄어들어요. 물이 산의 강한 성질을 완화해 주기 때문이죠.

그럴 필요 없어. 점액과 중탄산염이 보호해 주니까. 중탄산염은 산과 반대되는 알칼리성인 물질이라, 염산의 산성을 약하게 만들거든.

강산의 예

· 자동차 배터리에 사용되는 황산
· *제련에 사용되는 염산
· 비료를 만드는 데 사용되는 질산

약산의 예

· 과일에 있는 시트르산
· 식초에 들어 있는 초산
· 개미가 분비하는 독에 들어 있는 포름산

*부식 금속이 산화 반응으로 금속 화합물로 변화하는 일.
*제련 광석을 용광로에 넣고 녹여서 금속을 분리하여 순수한 금속으로 만드는 일.

케이크를 부풀게 하려면?

햄릿, 케이크 반죽에 베이킹 소다 2작은술을 넣어 주겠니?

베이킹 소다가 뭐예요?

베이킹 소다는 중탄산 나트륨이야. 약한 염기성 물질이지. 염기는 산의 반대란다.

맛있나요?

베이킹 소다를 넣는 이유는 맛 때문이 아니라 성질 때문이란다.

베이킹 소다는 요구르트나 과일즙 등 케이크 반죽의 산성 물질과 반응해서 이산화 탄소 기포를 만들거든.

그럼 케이크가 가벼워지고 봉긋 솟아오르게 되지.

너무 평평하긴 하네요.

기다려 보렴.

50분이 지난 뒤.

짜잔!

성공이에요!

염기성 물질은 물에 녹으면
수산화 이온(OH⁻)을 만들어 내요.
이 수산화 이온을 많이 만들면 강한
염기(강염기)가 되고, 적게 만들면
약한 염기(약염기)가 돼요.
그중에서도 물에 잘 녹아
강한 염기성을 띠는 물질을
알칼리라고 하지요.

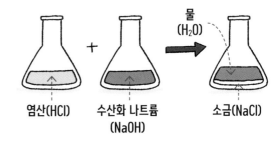

산과 염기가 만나면 **중화 반응**이 일어나요.
이때 산성도, 알칼리성도 아닌 중성 상태가 되지요.
예를 들어 염산(산)과 수산화 나트륨(염기)이 만나면
소금과 물이 만들어져요.

또 다른 예로
수산화 마그네슘이라는
염기가 있어요. 위에서 산이
너무 많이 나와 소화가
안 될 때, 수산화 마그네슘이
위산을 중화해 주는
성질이 있어서
소화제로 자주 사용돼요.

강염기의 예

· 배수구 청소제로 사용되는 수산화 나트륨
· 비누에 사용되는 수산화 칼륨
· 시멘트에 사용되는 수산화 칼슘

약염기의 예

· 중탄산 나트륨, 베이킹 소다
· 소화제에 사용되는 수산화 마그네슘
· 비료에 사용되는 암모니아

깨끗하게 씻으려면?

딱 한 방울만 더….

펑!

이런.

원래 이런 건가요?

씻어야겠다.

다행히 비누 만들 재료가 있지.

우선 수산화 나트륨을 물에 몇 방울 떨어뜨리고….

전 그냥 가게에서 산 비누를 쓸래요.

비누는 알칼리와 기름을 섞어서 만들어요. 원래 기름과 물은 서로 잘 섞이지 않지만, 비누는 특별한 분자 구조 덕분에 기름과 물이 섞일 수 있게 도와줘요.

비누 분자는 머리와 꼬리를 가진 **사슬 모양**이에요. **소수성**이라 불리는 꼬리 부분은 물을 싫어하고 기름에 달라붙어요. **친수성**이라 불리는 머리 부분은 물과 잘 섞이지요. 이렇게 비누 분자가 기름과 물을 각각 붙잡아 주기 때문에, 비누를 사용하면 물로 기름을 쉽게 씻어 낼 수 있어요.

기름때 낀 손에 비누를 바르면 비누 분자의 꼬리 부분이 기름에 달라붙어요. 비누 분자의 머리 부분은 물과 잘 섞이기 때문에 물로 헹구면 비누가 붙잡고 있던 기름과 함께 쉽게 씻겨 나가요. 비누는 이렇게 기름뿐만 아니라, 기름 속에 숨어 있는 세균도 함께 제거해 줘요. 그래서 손을 깨끗하게 씻으려면 비누를 꼭 사용해야 한답니다.

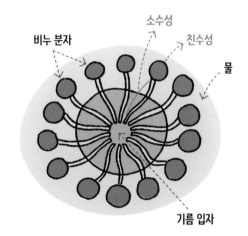

주방 세제로 지저분한 그릇을 닦는 것도 똑같은 원리야.

왜 설거지는 맨날 제가 하는 거죠?

산성과 염기성을 구분하려면?

그런데 산인지 염기인지
어떻게 알 수 있을까요?

아주 똑똑한
시험 방법이 있지.

그냥 종이잖아요?

이건 그냥 종이가 아니야.
리트머스 종이란다!

산성과 염기성을 구분할 때
리트머스 시험지라는 지시약을 사용할 수 있어요. 리트머스 시험지를 산성 용액에
넣으면 빨간색으로, 염기성 용액에 넣으면 파란색으로 바뀌죠.

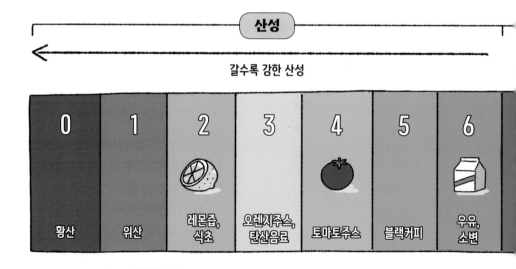

산성

갈수록 강한 산성

0	1	2	3	4	5	6
황산	위산	레몬즙, 식초	오렌지주스, 탄산음료	토마토주스	블랙커피	우유, 소변

숫자가 1씩 작아질 때마다
산성이 10배 강해져요.

만능 지시약은 산성과 염기성을 확인하는 데 사용하는 도구로, 리트머스 시험지보다 더 자세한 정보를 알려 줘요. 리트머스 시험지는 산성과 염기성만 구분하지만, 만능 지시약은 pH 값에 따라 색이 무지개처럼 다양하게 변해요.

그래서 물질이 약한 산성인지, 강한 염기성인지도 알 수 있죠. 이렇게 산성과 염기를 나타내는 색상표를 **pH 지수**라고 해요.

pH는 '수소의 힘'이라는 뜻이야. 여기에서 pH는 물질 속에 수소 이온이 얼마나 있는지를 보여 주는 숫자야.

pH 값이 낮을수록 수소 이온이 많아서 산성이고, pH 값이 높을수록 수소 이온이 적어서 염기성이야.

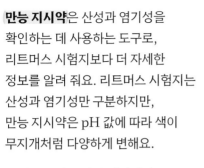

pH 7은 중성을 의미해. 산성도 염기성도 아닌 상태지.

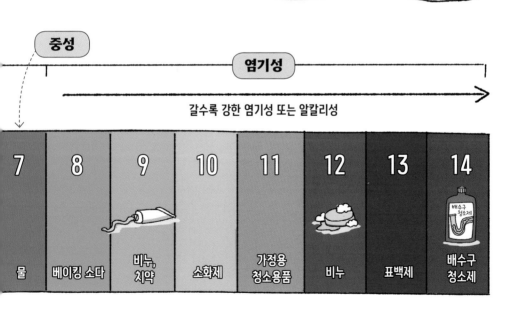

중성				염기성			

갈수록 강한 염기성 또는 알칼리성

7	8	9	10	11	12	13	14
물	베이킹 소다	비누, 치약	소화제	가정용 청소용품	비누	표백제	배수구 청소제

레몬은 오렌지보다 10배 더 강한 산성이지요.

센물을 만들려면?

샤워기가 막혔어요.

배관공을 부를까요?

아니. 문제가 먼지 알 것 같구나.

미네랄 *침전물 때문에 샤워기 헤드 구멍이 막힌 거야.

센물 현상이야.

센물요?

물이 단단할 수도 있어요?

센물은 고체가 아니야. 미네랄이 많이 들어 있는 물을 말하지.

샤워기 헤드를 잘 문질러서 씻어야 해.

네 몸처럼!

*침전물 액체의 밑바닥에 가라앉은 물질.

비가 내릴 때, 공기 중에 있는 이산화 탄소와
다른 기체가 빗물에 녹아 들어가요.
그래서 빗물은 약간 **산성**이지요.

이 산성 빗물이 석회암 같은
암석에 스며들면 암석 속에 있는
탄산 마그네슘이나 탄산 칼슘 같은
*광물이 조금씩 녹아 나와요.

이런 과정이 반복되면
암석이 점차 부서지거나
형태가 변하게 되죠.

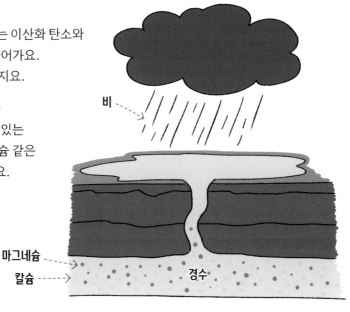

비

마그네슘

칼슘

경수

흠. 부드럽기만 한데.

이렇게 암석에서 녹아 나온 미네랄이
많이 들어 있는 물을 **센물** 또는 **경수**라고 해요.
센물은 마시거나 사용해도 몸에 해롭지 않아요.
오히려 우리 몸에는 칼슘과 마그네슘이
필요하기 때문에 센물 속의 미네랄이
도움이 될 수 있답니다.

하지만 센물 속의 미네랄, 특히 석회질이 파이프나
샤워기 같은 기구에 침전물로 쌓여 막히게 할 수
있어요. 또 욕조에서 센물을 사용하면 씻고 난 후
가장자리에 고리 모양의 때가 남기도 해요.
이런 석회질은 물을 끓이거나 정수 필터를 사용해
어느 정도 제거할 수 있어요.

*광물 천연으로 존재하는 고르고 일정한 구조의 물질.

껍데기를 만들려면?

아, 나도 저런 껍데기가 있었으면 좋겠다.

움직이는 집 같아. 비가 오면 안으로 쏙 들어가면 되고.

탄산 칼슘으로 골격을 만들면 된단다, 햄릿.

오! 저도 안에 들어가서 잘 수 있는 소용돌이 모양 껍데기를 가질 수 있는 건가요?

네가 달팽이나 굴이라면 가능하겠지.

탄산 칼슘은 달걀 껍데기와 바위에도 들어 있어.

지금 네가 밟고 있는 분필에도.

앗! 미안해, 껍데기야!

탄산 칼슘은 화합물이며,
화학식은 $CaCO_3$예요.
이 화학식을 보면 칼슘(Ca),
탄소(C), 산소(O) 원소가
포함되어 있다는 걸 알 수 있어요.

분필에도요?

$$K_4[Fe(SCN)_6] + K_2Cr_2O_7 +$$

탄산 칼슘은 분필의 주성분이기도
하고 석회암, *아라고나이트,
*백악 같은 암석에도
많이 들어 있어요.

그래. 우리가 칠판에 사용하는
분필의 주성분이 탄산 칼슘이란다.

탄산 칼슘은 산호의 주성분이기도 해요.
산호는 폴립이라고 하는 작은 바다 생물의
바깥 골격인데, 이들이 모여 산호초를 이루어요.
굴, 홍합, 성게, 기타 조개류의 껍데기에도
탄산 칼슘이 들어 있지요.

백악은 '석회비늘편모류'라는
작은 생물의 석회질 비늘 화석으로
만들어져요.

인간을 포함한 많은 동물의 몸속에도
칼슘이 들어 있답니다.
특히 뼈와 치아를 만드는 데는
인산 칼슘이라고 하는
화합물이 사용돼요.

달걀 껍데기에도
칼슘이 들어 있어요?

칼슘은 우리 몸에서
가장 흔한 금속이며,
건강한 뼈와 치아를
유지하는 데 꼭 필요한
영양소예요!

물론.
모든 조류의
알에도
들어 있단다!

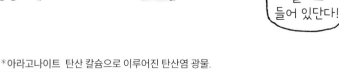

*아라고나이트 탄산 칼슘으로 이루어진 탄산염 광물.
*백악 백색이나 연한색의 부드러운 석회질 암석.

녹슬지 않게 하려면?

이런.

제 소중한 자전거가 주황색으로 변했어요.

여러 달 동안 비를 맞게 밖에 뒀구나?

네. 그래도 자물쇠는 채워 뒀어요!

녹이 슬었네.

왜 녹이 슨 거예요?

자전거의 금속이 물과 산소와 반응해서 녹이라는 화합물이 만들어진 거야.

앞으로는 실수하지 않을 거예요.

아. 내 자전거도 밖에 뒀다!

녹은 **부식**이라는 화학 반응으로 생기는
물질이에요. 철 같은 금속이 산소와 물을 만나면
철의 원자가 전자를 잃어 양이온이 되고,
산소는 물과 반응해 음이온을
만들어요.
이때 양이온과 음이온이
서로 끌어당기며 산화 철과
수산화 철이라는 화합물,
즉 녹이 생기는 거죠.

그래.

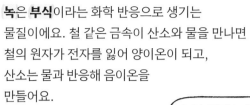

녹이 생기는 것도
화학 반응인가요?

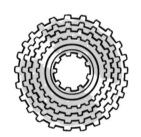

녹은 시간이 지나면서
점점 떨어져 나가고,
벗겨진 부분이 다시 비바람에
노출되면 또 녹슬어 금속 전체가
부서질 수 있어요.

구리는 비바람에 노출되면 녹이 생기면서
푸르게 변하는데, 이 때문에 자유의 여신상이
녹색으로 보이는 이유이기도 해요.

반면에 금이나 백금처럼
부식에 잘 견디는 금속은
몇백 년이 지나도 반짝이는
상태를 유지하지요.

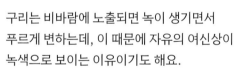

아연 도금을 하려면?

자전거는 비를 맞으면 녹스는데 왜 은수저는 물에 담가도 녹슬지 않아요?

아연 도금을 했기 때문이지.

어려운 단어가 나올 줄 알았어요.

도금은 부식에 저항이 강한 금속으로 금속을 코팅하는 걸 말한단다.

코팅하는 대신 그냥 처음부터 그 금속으로 만들면 안 돼요?

그럼 너무 비싸거나 튼튼하지 못해.

이 칼은 스테인리스강으로 만든 거야. 철 합금에 크로뮴으로 얇게 코팅한 거지.

이 지저분한 포크도 스테인리스강이고 토마토케첩으로 두껍게 코팅했어요.

녹슬지
않았어!

금속의 부식을 막으려면 금속 표면에 페인트를 칠해서 산소와 물이 직접 닿지 않게 하면 돼요. 금속 표면을 아연 같은 다른 금속으로 코팅하는 방법도 있어요.

스테인리스강은 철에 크로뮴이라는 금속을 섞어 만든 합금인데, 녹이 잘 생기지 않아요. 그래서 은식기류나 다리 같은 구조물에 많이 사용된답니다.

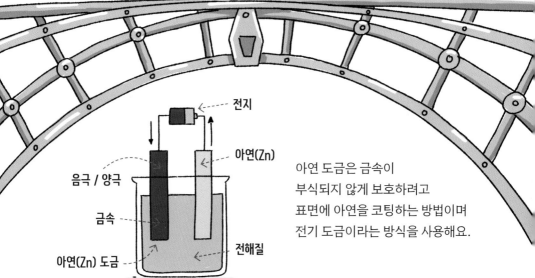

전지

아연(Zn)

음극 / 양극

금속

전해질

아연(Zn) 도금

아연 도금은 금속이 부식되지 않게 보호하려고 표면에 아연을 코팅하는 방법이며 전기 도금이라는 방식을 사용해요.

먼저 도금할 금속을 음극(-)으로, 아연을 양극(+)으로 설정한 뒤 두 전극을 전해질에 넣고 전류를 흐르게 해요. 그러면 아연이 양극에서 떨어져 나와 음극인 금속 표면에 달라붙어요. 이렇게 금속 표면에 아연 코팅이 형성되면 금속이 부식되지 않게 보호하는 막이 되어 줘요.

짤랑!

짤랑

내 아연 코트
어때요?

물건을 금으로 바꿀 수 있다고?

와! 미다스왕은 손에 닿는 모든 걸 금으로 바꿀 수 있었대요!

우리도 할 수 있어.

신난다. 이제 우린 부자예요!

그건 아니야. 일단은 금을 산 다음에 전기 도금을 해야 하거든.

그렇군요.

성공이야!

전류가 전해질 속의 금을 이온으로 바꿨어!

값싼 금속과 결합해서 0.005 mm 두께로 금 층이 만들어졌어!

자, 받아. 미다스왕.

도금한 볼 베어링일 뿐이잖아요?

우리 형편으론 그 정도 금밖에 못 사거든.

Q. 캣슈타인 박사가 실험실에 멋진 어항을 가져다 두고 물고기를 키우려고 해요. 이를 본 햄릿이 몰래 물고기 한 마리를 햄릿의 집으로 데려갔어요. 햄릿이 데려간 물고기를 찾아보세요!

이 물고기는 내가 키워야지!

어라? 물고기 한 마리가 없어진 거 같은데?

* 정답은 143쪽에 있어요.

2022 개정 교육과정 과학 교과 연계

○ 4학년 2학기 ···· 기후변화와 우리 생활

○ 5학년 2학기 ···· 자원과 에너지

5장

화학의 세계

과학과 사회

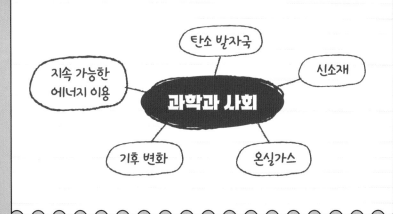

숨을 쉽게 쉬려면?

햄릿, 괜찮니?

흡!

숨을 참고 있었어요.

헉헉

왜?

너무 빨리 숨을 쉬면 공기가 부족해질까 봐 걱정되어서요.

햄릿, 공기는 자연적으로 교체되고 순환한단다.

우리는 공기 중의 산소를 들이마시고 이산화 탄소를 내뿜어.

식물은 이산화 탄소를 흡수하고 산소를 내보내지.

그럼 이거 필요 없나요?

우리가 숨 쉬는 공기는 여러 가지
기체로 이루어져 있어요.
이 중 **질소**가 가장 많은데,
공기의 78%를 차지해요.
질소는 식물이 잘 자라도록
도와요.

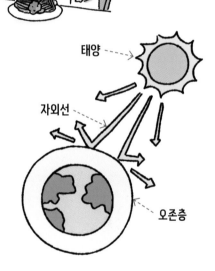

산소 21%

이산화 탄소
0.04%

질소
78%

**수증기,
비활성 기체**
0.96%

그다음으로 많은 건 **산소**예요.
공기의 21%를 차지하지요.
산소는 우리가 먹은 음식을 에너지로 바꾸고,
뇌를 활발하게 만들어 줘요.

나머지 1%는 이산화 탄소, 수증기,
그리고 화학 물질과 쉽게 반응하지 않는
비활성 기체로 이루어져 있어요.

지구의 아주 높은 하늘에는 **오존층**이라는
보호막이 있어요. 오존층은 태양에서 나오는
자외선을 막아 우리 피부를 보호해 줘요.
이산화 탄소는 태양열을 지구에 가둬서 지구를
따뜻하게 유지해 준답니다.

태양

자외선

오존층

태양열

이산화 탄소

달걀프라이를 안 눌러붙게 하려면?

생일 축하해!

엥? 오늘 제 생일 아닌데요.

그래도 선물을 준비했는데, 줄까?

야호!

프라이팬이잖아요.

지금 쓰는 팬은 탄 음식물이 눌어붙었잖니.

이 프라이팬은 중합체로 코팅되어 눌어붙지 않아.

프라이팬 중합체는 음식물 분자와 결합하지 않는 탄소와 플루오린 원자의 사슬로 만들어지거든.

설거지하기 편하겠네요.

달걀도 있어.

달걀프라이 해 드릴까요?

내 마음을 읽었구나. 햄릿!

물질은 대부분 아주 작은
분자로 이루어져 있지만,
어떤 분자는 길게 이어진
사슬 모양이 되기도 해요.
이렇게 긴 사슬을 이루는
화합물을 **중합체**라고 불러요.

중합체는 분자 하나에
원자가 수천 개 또는
수백만 개 붙어 있어요.
중합체 중에는
나일론이나
플라스틱처럼
사람이 만든 것도
있답니다.

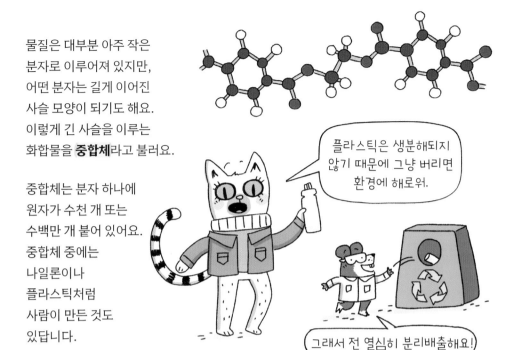

> 플라스틱은 생분해되지
> 않기 때문에 그냥 버리면
> 환경에 해로워.

> 그래서 전 열심히 분리배출해요!

플라스틱은 원유(정제되지 않은 석유)로 만들어요.
플라스틱은 뜨거울 때는 부드럽게 변하고 식으면 단단해져서 어떤 형태로든 만들 수 있어요.
단단한 플라스틱도 있고, 신축성이 있어 잘 늘어나는 플라스틱도 있지요.

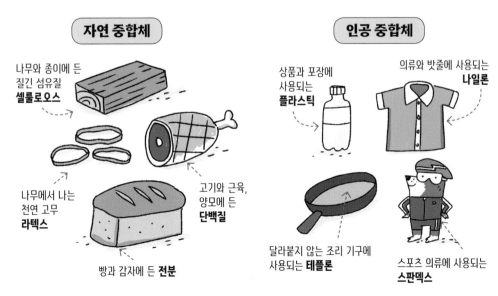

자연 중합체

나무와 종이에 든
질긴 섬유질
셀룰로오스

나무에서 나는
천연 고무
라텍스

고기와 근육,
양모에 든
단백질

빵과 감자에 든 **전분**

인공 중합체

상품과 포장에
사용되는
플라스틱

의류와 밧줄에 사용되는
나일론

달라붙지 않는 조리 기구에
사용되는 **테플론**

스포츠 의류에 사용되는
스판덱스

화석 연료는 어떻게 만들어질까?

석유, 석탄, 가스는 화석 연료야.

공룡으로 만들어진 건가요?

아니, 화석화된 식물과 플랑크톤으로 만들어졌어.

1

석탄은 약 3억 년 전, 공룡이 나타나기 훨씬 이전에 존재했던 늪지대 숲의 나무와 식물이 쌓여서 만들어졌어요.

식물이 죽어서 썩은 후, 비바람에 쌓인 흙과 돌 같은 퇴적물 층 아래에 묻혔어요.

2

3

수백만 년 동안 식물 *잔해가 점점 눌리고 굳어지면서, 대부분 탄소로 이루어진 암석이 되었어요. 이렇게 만들어진 석탄은 땅 위나 땅속에서 채굴해 얻을 수 있어요.

126

*잔해 썩거나 타다가 남은 뼈.

① 석유와 가스는 아주 오래전 선사 시대에 바다에서 작은 물속 생물이 죽어 *해저에 가라앉으면서 만들어지기 시작했어요.

이 생물들은 모래와 실트 (아주 고운 흙) 속에서 서서히 분해되었고, 위에서 누르는 물의 압력을 받았어요.

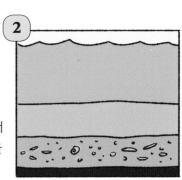

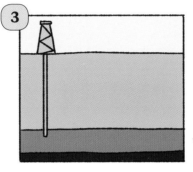

이 물질들은 수백만 년 동안 압력을 받고 뜨거워지면서 석유와 가스로 변했어요.

석유와 가스는 땅속 깊은 곳을 파서 *채굴해요. 석유는 연료나 플라스틱을 만들기 전에 정제 과정을 거쳐요. 가스는 보통 땅속 원유 위쪽에서 메탄 형태로 발견돼요.

화석 연료의 큰 문제는 태울 때 생겨요. 연료 속 탄소가 대기로 배출되면서 이산화 탄소 같은 온실가스가 많아지기 때문이에요. 온실가스는 태양에서 온 열을 지구에 가두어 지구 온난화 속도를 더 빠르게 만들어요.

화석 연료는 만들어지는 데 수백만 년이 걸리고 재생할 수 없어.

재생할 수 없다는 게 무슨 뜻이죠?

결국 *고갈될 테니까 우리가 새로운 에너지원을 찾아야 한다는 뜻이지.

*해저 바다의 밑바닥.
*채굴 땅을 파고 땅속에 묻혀 있는 광물 등을 캐냄.　　*고갈 돈이나 물질 등이 다하여 없어짐.

부산물은 어떻게 만들어질까?

박사님, 돈 주세요.

어디에 쓰려고?

*부산물을 사 오려고요.

부산물을 살펴볼 거라고 했지, 햄릿.

가게에서 파는 거 아니에요?

화학 물질들이 서로 반응하면 반응물이 만들어지지.

알아요.

하지만 반응물이 하나만 생기지 않을 수도 있어. 필요 없는 게 만들어지기도 하지.

그게 바로 부산물이란다.

쓸모 있는 부산물도 있지만 쓸모없는 것들도 있단다.

햄릿, 네가 부산물이라면 어느 쪽일까?

유용한 부산물이요!

그래. 시험관 이리 다오.

*부산물 주산물의 생산 과정에서 더불어 생기는 물건.

물질을 만들 때면 다양한 **부산물**이 생겨요. 몇 가지 예를 들어 볼게요.

식물성 기름으로 자동차 바이오 연료를 만들 때는 **글리세롤**(또는 글리세린) 이라는 부산물이 나와요. 글리세롤은 화상을 치료하거나 음식에 단맛을 내는 데 사용할 수 있어요.

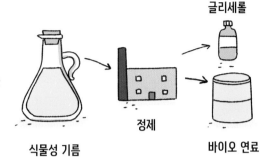

양모를 화학 물질로 세척하면 **라놀린**이라는 부산물이 생겨요. 라놀린은 여러 가지 미용 제품에 쓰여요.

하지만 모든 부산물이 쓸모 있는 것은 아니에요. 처리해야 하는 *폐기물이 생기기도 해요.

발전소에서 화석 연료를 태우면 **이산화 탄소**가 대기로 방출돼요. 이산화 탄소는 지구 온난화를 일으키는 온실가스 중 하나예요.

또 다른 오염 물질로 **다이옥신**이 있어요. 다이옥신은 종이와 살충제를 만들거나 폐기물을 태울 때 나오는 유독성 화학 물질인데, 환경에 매우 해로워요.

이처럼 위험한 성분을 가진 화학 폐기물을 잘못 버리면 물과 땅, 공기를 오염시킬 수 있기 때문에 전문 시설에서 안전하게 처리해야 해요.

*폐기물 못 쓰게 되어 버리는 물건.

129

산성비는 어떻게 만들어질까?

곧 베일을 걷겠습니다!
제가 몇 주 동안 만든 거예요!

무척
궁금하구나.

짜잔!

햄릿,
이거 너니?

마침 잘됐네. 산성비의 효과를 연구하고
있는데 대리석 조각상이 필요했거든.

산성비요?

산성비는 오염되어서 산성이
강해진 비야. 대리석에는 산과 반응하는
탄산 칼슘이 많이 들어 있어.

아직 너랑
닮았는데?

물에 빠진 햄스터
같아요!

빗물은 원래 약간 산성을 띠고 있어요.
공기 중의 이산화 탄소(CO_2)가
빗물에 녹으면 약한 탄산을 만들기
때문이죠. 하지만 공장에서
나오는 이산화 황(SO_2)이나
질소 산화물(NO_2)이 섞이면
산성이 더 강해져 산성비가 돼요.

탄산은 탄산음료를
만드는 데 사용되지.

꺼억!

산성비는 자연과 건물에
여러 가지 피해를 줘요.
산성비가 내리면 나무가
말라 죽을 수 있고,
호수나 강의 물이 더
산성화되어 물고기들이
살기 어려워질 수도
있지요.

이산화 황
(SO_2)

질소 산화물
(NO_2)

산성비

물(H_2O)

이산화 황과
질소 산화물이
물과 반응해 황산과
질산이 만들어져요.

석회암과 대리석으로 만든 건물과
조각상도 산성비에 손상을 입어요.
이 돌들에 들어 있는 탄산 칼슘이 산과
반응해 조금씩 녹아 버리기 때문이에요.

공장에서 화석 연료를
덜 사용하면 오염이 줄어들어
산성비에 따른 피해를
막을 수 있어요.

이건 누구의
동상일까?

식물을 잘 키우려면?

냥스 다윈 박사님, 저 좀 도와주실래요?

맙소사! 가엾은 식물이 어떻게 된 거니? 사·보가 필요하겠어.

사·보가 뭔가요?

'사랑의 보살핌'이란 뜻이야, NPK도 도움이 될 거야!

NPK요?

질소(N), 인(P), 칼륨(K)을 말하는 거야. 이 화학 물질들은 식물에 영양분을 공급해 주거든.

화분에서는 흙의 영양분이 금방 고갈되어 버려.

액체 비료로 영양분을 공급해 주자.

도·고!

'도움 고마워요'라는 뜻이에요!

천·말!

천만의 말씀!

질소(N), 인(P), 칼륨(K) 원소는
식물이 잘 자라도록 돕는
중요한 영양소예요.

질소는 잎사귀를
건강하게 해요.

칼륨은 꽃과 열매의
성장을 도와요.

농부들은 암모니아로 만든 비료를
사용해 토양에 질소를 더해 주어 농작물이
잘 자라도록 도와요. 암모니아(NH_3)는
질소(N_2)와 수소(H_2)를 이용해
*하버 공정이라는
방법으로 생산해요.

인은 식물의 뿌리를
튼튼하게 해 줘요.

철 촉매

질소(N_2)와 수소(H_2)

냉각실

반응실

응축기

질소는 지구 대기에서 가장 양이
많은 기체이지만, 반응성이 낮아서
대부분의 물질과 쉽게 반응하지
않아요. 그래서 고온, 고압 환경에서
철 촉매를 사용해 질소를 수소와
반응시켜 암모니아를 만들어요.

암모니아(NH_3)

이 반응으로 생긴 기체 암모니아를 냉각해
액체 암모니아로 바꾸고, 이를 비료,
염료, 의약품 등 여러 곳에 사용해요.

암모니아는
청소용품에도 사용돼요!

*하버 공정 프리츠 하버가 개발한 질소 고정법이며,
공기 중의 질소와 수소를 이용해 비료나 폭탄의 원료가 되는
암모니아를 화학적으로 합성하는 방법.

탄소 발자국을 줄이려면?

냥스 다윈 박사님이 지구를 위해 탄소 발자국을 줄여야 한대요.

아주 좋은 조언이야.

우리가 공기 중에 내뿜는 이산화 탄소 같은 온실가스의 양을 줄여야 해.

그럼 어떻게 해야 할까?

자가용 대신 걷기나 자전거를 이용할래요.

좋은 생각이야. 하지만 어차피 넌 아직 어려서 면허증도 없잖니.

에너지 효율성을 추구할래요.

낮잠을 오래 잔다고 되는 건 아니야, 햄릿!

재사용과 재활용으로 쓰레기를 줄일래요.

예를 들면?

저번 패널을 또 사용했어요!

탄소 발자국은 우리가 살아가면서 만든 이산화 탄소(CO_2)와 같은 온실가스의 양을 뜻해요. 자동차를 타거나 쓰레기를 만들면 탄소 발자국이 늘어나요. 하지만 걷거나, 나무를 심거나, 전기를 아끼면 탄소 발자국을 줄일 수 있죠.

탄소(C)는 식물, 동물, 공기, 바다 등 지구 모든 곳에 있는 중요한 원소예요. 탄소는 계속 순환하며 우리 삶에 큰 영향을 미치죠.

1 식물은 광합성을 해서 이산화 탄소(CO_2)를 흡수해요. 태양 에너지를 사용해 CO_2를 당과 같은 영양분으로 바꾸어, 스스로 성장하고 에너지를 저장할 수 있게 하지요.

2 동물은 식물을 먹어 영양분을 얻어요. 이렇게 먹은 식물의 탄소는 동물의 배설물로 배출되기도 하고, 동물이 호흡할 때 CO_2 형태로 공기 중에 다시 나오지요.

6 열과 에너지를 얻으려고 연료를 태우는 과정에서 연료 속 탄소가 CO_2 형태로 공기 중에 배출돼요.

이산화 탄소 (CO_2)

광합성

호흡

공장 배출

부패
화석 연료

3 식물이 죽으면 그 안에 있던 탄소가 토양으로 돌아가요. 그리고 벌레, 세균, 곰팡이 같은 미생물이 죽은 식물과 배설물을 분해하면서 CO_2를 만들어 내고, 이 CO_2는 다시 공기 중으로 배출돼요.

4 석탄, 석유, 가스 같은 화석 연료는 지하에 있는 탄소 저장고예요. 오랜 세월 땅속에 묻혀 있던 탄소가 이 연료들에 저장되어 있지요.

5 일부 CO_2는 바다에 녹아요.

지구의 온도는 왜 자꾸 올라갈까?

제가 멀 밟은 거죠?

아, 괜찮아. 탐지기로 오른쪽을 가리키렴.

웩, 냄새!

뿡

뭐라고 나오니?

메탄의 존재가 확인됐어요.

역시나. 소의 배설물은 온실가스인 메탄을 만들어 내는 주된 원인이야.

온실가스요?

온실가스는 지구에서 반사되어 우주로 돌아가는 태양열을 차단해.

대표적인 온실가스에는….

화석 연료를 태울 때나 시멘트를 만들 때 배출되는 **이산화 탄소(CO_2)**,

비료를 사용하거나 화석 연료를 연소할 때 방출되는 **아산화 질소(N_2O)**,

그리고 **메탄(CH₄)**이 있단다. 폐기물이 분해되거나 화석 연료가 만들어질 때 배출되지.

동물이 트림하거나 방귀를 낄 때도요!

맞아!

이 기체들은 적외선에서 에너지를 흡수해 생명체가 살아갈 수 있도록 지구를 따뜻하게 유지해 준단다.

그럼 온실가스는 좋은 거네요?

마냥 좋진 않아. 대기 중에 온실가스의 양이 늘어나면

지구 온난화가 생기거든. 지구의 평균 온도가 올라가는 거야.

전 따뜻한 게 좋아요.

사막하고 가뭄도?

지구 온난화는 날씨의 패턴이 변한다는 뜻이기도 해.

우왓!

극지방의 얼음도 녹고….

그럼 북극곰은 어디에서 살아요?

그러게 말이다.

햄릿, 북극곰은 우리랑 같이 못 가.

흑흑. 안녕.

재활용을 해 볼까?

폐기물은 대부분 매립지로 가서 분해되는 데 오랜 시간이 걸려요. 하지만 제품을 재사용하거나 재활용하면 쓰레기를 줄이고 환경을 보호할 수 있어요.

금속

금속을 재활용하면 새로 땅에서 금속을 캐내는 것보다 에너지가 훨씬 적게 들어요. 금속 재활용은 주로 금속을 녹여서 새로운 모양으로 만드는 과정이에요.

캣슈타인 박사의 시험관을 재활용했어요!

땅에 묻힌 금속의 양에는 한계가 있어요.

플라스틱

플라스틱은 탄화수소로 만들어져요. 플라스틱은 종류에 따라 분류한 다음 세척해서 작은 플라스틱 칩으로 잘게 부숴요. 이렇게 쪼갠 플라스틱은 다시 다른 제품으로 만들거나, 카펫이나 옷을 만드는 섬유로 사용할 수 있어요.

유리

유리는 주로 실리카(이산화 규소)로 만들어져요. 유리는 여러 번 다시 사용할 수 있고, 색깔별로 분류한 후 잘게 부수어 녹이면 새로운 모양으로 만들 수 있어요.

종이

종이는 목재 펄프로 만들어요. 사용한 종이는 물과 화학 물질을 섞어 분해해 다시 펄프로 만든 다음, 표백 과정을 거쳐 재활용 종이로 새롭게 만들어 낼 수 있어요.

언젠가는 이 책도 재활용되어 다른 책으로 만들어질 거예요.

그래도 이 책보다는 유익하지 않을 거야.

새로운 소재를 만들려면?

그게 뭐니?

어때요?

신소재예요.
'햄스디움'이라고 부를 거예요.

쿵쿵

커스터드에 초록색 식용 색소를 섞은 거잖아!

이 그래핀처럼 유용한 걸 발명해 보렴. 다양한 분야에 사용되는 강력한 탄소 물질이란다.

이건 세상에서 가장 가벼운 고체 에어로겔이야. 단열재로 사용되지.

난 완전히 투명하고 초강력한 소재를 개발 중이란다.

이름을 빌려 드릴 테니까 말만 하세요.

햄스디움

*단열재 보온을 하거나 열을 차단할 목적으로 쓰는 재료.

과학자들은 더 가볍고 더 강하며,
환경에 좋은 소재를 개발하고 있어요.
인공 소재 중에는 여러 물질의 성질을
결합해 만든 합성물이 있어요.
콘크리트는 돌과 시멘트를 섞어 만든 것이고,
가구에 쓰이는 합판이나 경주용 자전거 프레임에
쓰이는 강하고 가벼운 탄소 섬유도 합성물이에요.

그렇다면 **신소재**에는 어떤 것들이 있을까요?

그래핀은 흑연에서 얻은 매우 얇은 층인데,
가볍고 유연하면서도 강철보다 훨씬 강해요.

에어로겔은 매우 가벼운 단열재인데, 젤리 같은 겔에서
액체를 제거하는 대신 기체를 채워 만들어요.

케블러는 매우 질긴 플라스틱인데,
주로 보호복을 만드는 데 사용돼요.

실크 단백질은 플라스틱을 대신할 수 있는
생분해성 소재예요. 새우 껍질에 있는 화학 물질과
곤충 날개의 비단 단백질과 비슷한 성분으로
만들어지지요.

이런 신소재들은 다양한 분야에서 기존 소재를
대체하면서 더 나은 성능을 발휘하고 있어요.

여러분도 놀라운 신소재를
발명할 수 있어요!

141

냥냥 호기심 퀴즈

Q. 햄릿이 신소재를 찾아가고 있어요. 햄릿이 신소재를 찾을 수 있도록 미로 찾기를 해 보세요.

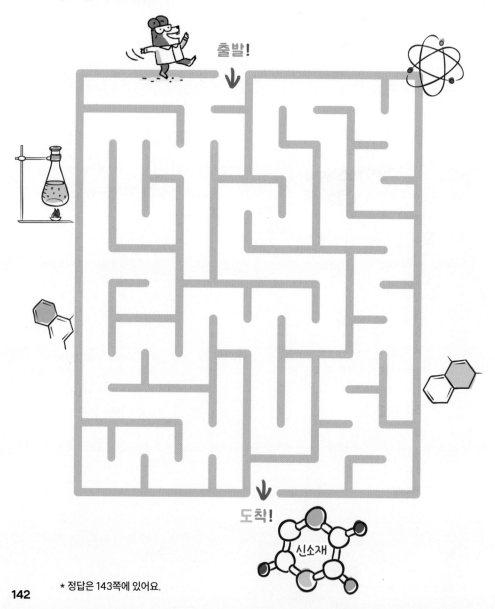

* 정답은 143쪽에 있어요.

퀴즈 정답

1장 퀴즈(41쪽)

4장 퀴즈(119쪽)

2장 퀴즈(69쪽)

5장 퀴즈(142쪽)

3장 퀴즈(99쪽)

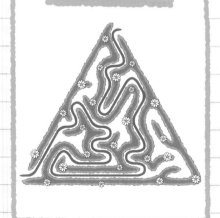

3권에서 또 만나요!

[How to: Make a Diamond] by William Potter, ill by Richard Watson
Copyright © Arcturus Holdings Limited. www.arcturuspublishing.com. All rights reserved.
Korean translation copyright © 2024 i-Screambooks, an imprint of i-Scream Edu Co., Ltd.
Korean translation rights are arranged with Arcturus Publishing Limited through AMO Agency.

이 책은 AMO 에이전시를 통한 저작권자의 독점계약으로 ㈜아이스크림에듀에서 출간되었습니다.
저작권법에 의해 한국 내에서 보호를 받는 저작물이므로 무단전재와 복제를 금합니다.

캣슈타인 박사의
냥냥 호기심 펀치 ② 화학이 궁금해

1판 1쇄 인쇄 2024년 11월 25일
1판 1쇄 발행 2024년 12월 11일

글 윌리엄 포터 **그림** 리처드 왓슨 **옮김** 정지현
감수 DEEP 교수학습개발연구소

펴낸이 이윤석
출판사업본부장 신지원
출판기획팀장 오성임 **책임편집** 하명희
마케팅 김민지, 김참별 **디자인** 김보현 **제작** 천광인쇄사
사용연령 8세 이상 **제조연월** 2024년 11월 **제조국** 대한민국

펴낸곳 아이스크림북스
출판등록 2013년 8월 26일 제2013-000241호
주소 서울시 서초구 매헌로 16 하이브랜드빌딩 18층
전화 02-3440-4604
이메일 books@i-screamedu.co.kr
인스타그램 @iscreambooks

· 아이스크림북스는 ㈜아이스크림에듀의 단행본 출판 브랜드입니다.
· 잘못 만들어진 책은 구입하신 곳에서 교환해 드립니다.
· 책값은 뒤표지에 있습니다.

ISBN 979-11-6108-750-4 74400
      979-11-6108-747-4 (SET)

어린이제품 안전특별법에 의한 품질표시
KC마크는 이 제품이 공통안전기준에
적합하였음을 의미합니다.